Über

Anlegung von Turnplätzen

und

Leitung von Turnübungen.

Als Vorläufer einer neuen Auflage der „Deutschen Turnkunst“

herausgegeben

von

E. W. B. Eiselen.

Mit zwei Tafeln in Steindruck.

Berlin,
Druck und Verlag von G. Reimer.
1844.

Vorwort.

In Folge der allgemeinen Wiederbelebung des Turnwesens wurde der Verfasser durch Arbeiten mancherlei Art, — wie die Ausbildung von Lehrern und Vorturnern, das Entwerfen von Turneinrichtungen und Plänen, — so behindert, daß die Vollendung der zweiten Auflage des Turnbuches für diesen Sommer sich als unmöglich herausstellte. Er entsprach daher gern der Aufforderung seines Freundes Maßmann zur schleunigen Herausgabe des Abschnittes über Anlegung der Turnplätze und Leitung der Uebungen, welche dieser auf das Bereitwilligste mit einer entsprechenden Einleitung versehen hat.

Da über den vorliegenden Gegenstand noch nichts Genügendes gedruckt worden ist, so hoffen beide Theilnehmer von dieser kleinen Schrift, daß sie einem wahren Bedürfnisse abhelfen werde.

Berlin, im Brachmond 1844.

E. Eiselen.

Einleitung.

Der Verfaßer dieser kleinen Schrift, der in Berlin, wie Schreiber dieses in München, der Sache der Leibesübungen auch im gereifteren Mannesalter mit Liebe beharrlich fortgelebt hat, wünscht von mir jetzt, da erfreuliche Verhältnisse die Jugendfreunde zu gemeinsamer Thätigkeit wieder vereint haben, einige freundliche Geleitsworte zu dieser gewiß Vielen willkommenen Arbeit, an der ich übrigens kein ander Theil noch Verdienst habe, als daß ich, in Anbetracht des dringenden Bedürfnisses, ihren Verfaßer zur früheren Bearbeitung und Herausgabe dieses Abschnittes aus der von uns und anderen Freunden der Sache gemeinsam beabsichtigten neuen Auflage der „Deutschen Turnkunst", die aber nicht vor Ende des Jahres fertig werden kann, in einem Augenblicke anregte, wo überall, auch in Sachsen, Würtemberg, Bayern ꝛc. wie in Preußen *) das gleiche Anerkenntniß von unabweisbarer Nothwendigkeit einer der Schlaffheit und Genußsucht, der Frühentwik-

*) Hier durch besonnen vorbereitete und vorbereitende Ministerial-Verfügungen im genauesten Zusammenhange mit der K. Kabinetsordre vom 6ten Juni 1842, wonach die Leibesübungen fortan einen „nothwendigen und unentbehrlichen" Bestandtheil der öffentlichen Erziehung ausmachen sollen.

kelung und Frühgeschwätzigkeit entgegenarbeitenden gesunden Knabenhaftigkeit und Jünglingsrüstigkeit laut wird, der Drang nach einem erhöheten, Ringfertigkeit des Leibes wie des Geistes versprechenden Heil- und Hülfsmittel zur That und zur Ausführung, somit zur erneueten Inangriffnahme der Angelegenheit jugendlicher Leibes- oder Turnübungen schreitet.

Von der höchsten Wichtigkeit ist daher von vorn herein die richtige Auffaßung ihres reinen und rüstigen Betriebes; rein in Betreff des rechten Geistes, welcher die Sache stets durchdringen, tragen und erhalten soll; rüstig in Bezug auf saubere und schöne Leistung im Einzelnen (in der Uebung) und auf lebendige Leitung im Ganzen (in wohlgegliederten Turnanstalten). Für die Turnübungen hat sich vorzugsweise hier in Berlin bei Eiselen stets eine tüchtige Schule und Ueberlieferung erhalten und von hier aus weiter verbreitet, was um so werther bei Wiederbelebung der Angelegenheit ist, als leider in jenen langen Zwischenjahren die Buchmacher auch auf diesem Gebiete ihre Binnenmesse und Ausbeute gehalten, und durch verworrene wie verwirrende Schwellbücher der Sache und dem Segen wohlgeordneter, gründlich durchgeführter Leibesübungen sehr geschadet haben.

Ich kann hier nicht umhin, in solchem Sinne vorzugsweise auf Werner's dickleibige Kompilationen über Knaben-, Mädchen-, Militair-, Volksschul-, Seminar-, orthopädische und weiß Gott welche „gymnastische Leibesübungen" hinzuweisen, deren Verfaßer (?) auf das Unglaublichste zusammenstoppelnd und ausschreibend nicht nur die Eine Pflicht vergeßen hat, ehrlich seine Quellen zu nennen, sondern noch obenein gegen seine geplünderten Gewährsmänner vornehm eifert, dabei zugleich eine höchst verderbliche falschmilitairische Kommandoförmlichkeit in die an tieferen und freieren Hülfsmitteln für gemeinsame Kraftäußerungen so reiche Turnkunst hineingetragen hat, ferner diese Kraft wahrer Gesundheit wie gesunder Wahrheit für das Jugendleben nicht nur zur tändelndsten Komplimentierlehre, sondern sogar (unglaublich und doch buchstäblich) zur Gebetabrichtung der Mädchen *), somit diese zu Schau-

*) Werner's Amoena (1837) S. 55—56. Man lese das feine Gift dieser Stelle, wie vieler anderen, wo statt wahren Anstandes Coquetterie gelehrt, statt erfrischender und bildender Spiele Karten- und Pfänderspiel dargeboten wird, und man wird in das Urtheil einstimmen, das schon im Jahre 1838 ein Ungenannter im Repertorium der gesammten deutschen Literatur (VIII, 190) über das genannte Buch in folgenden Worten aussprach: „Es ist wahrhaft betrübend, wenn Dinge von allgemein hoher Bedeutung für das Wohl der Menschheit durch ihre Vertreter zu Spottbildern für alle Vernünftigen herabgewürdigt werden. Daß der Verfaßer durch vorliegendes Buch dies mit den Leibesübungen gethan hat, ist zwar ein hartes Urtheil, das dem Referenten schwer wurde auszusprechen, das aber der Ernst und das unbefangene Interesse für die Sache ihm unbedingt abnöthigte. Die Turnkunst, männliche wie weibliche, bezweckt zuerst Gesundheit, dann Entwickelung und nach ihr Bewußtsein und Beherrschung der physischen Kräfte, somit einen freien, aber natürlichen Anstand, dem alle Ziererei fremd ist. Altmeister Göthe, der wohl auch hier ein Urtheil hatte, sagt: „„Willst du schon zierlich erscheinen und bist noch nicht sicher, — vergebens; nur aus vollendeter Kraft blicket die Anmuth hervor."" Und Jean Paul: „„Nach der Kraft gibt es nichts so Schönes als ihre Beherrschung."" Durch Herrn Werner's sogenannte weibliche Gymnastik weht der böse Geist der Spielerei, Ziererei und höchste Unnatur. Diese Gymnastik ist nichts als eine Vorschule für Chor-

stellerinnen und Schauspielerinnen herabwürdigt *). Und diese sich selbst stets wiederholenden dicken, theuren zehen Schriften des Mannes muß (das ist vornehmlichstes Aufnahmsgesetz in der „gymnastischen Normalschule" desselben) jeder schlichte und arme Volksschullehrer, der sich zu jenem Bildungsmischmasch abrichten laßen soll oder will, bei seinem Eintritt in den balletgerecht, kunstreiterisch und zeughausmäßig ausgeputzten Schausal bereits sämmtlich angekauft mitbringen und dem Secretair der Anstalt aufweisen **). Doch ich habe hier nur über den Werth oder Unwerth der wernerischen Bücher sprechen wollen, freilich auch wieder nur, weil sie das offenbare Zeugniß vom

und Tanzmädchen der Theater, eine Pflanzschule für Koketten und Zierpuppen; höchstens können die Schülerinnen durch die hier vorgeschriebenen Gruppen und Shawlstellungen sich zu geschickten Aufsteckerinnen von Vorhängen heranbilden. Wer an der Wahrheit unserer Erklärung zweifelt, möge nur einen Blick auf die der Schrift beigegebenen Abbildungen werfen. Was wir schon früher hier sagten, müßen wir nochmals wiederholen: für das Turnen muß der Hauptzweck sein, unser schwaches Geschlecht wieder zu erkräftigen, aber einfach und still und ohne Gepräng muß es getrieben werden, damit auch unsre Jugend wieder einfach und kräftig und überhaupt wieder Jugend werde; denn bedürfnißreich, zierlich und zierig ist sie leider ohnehin nur zu sehr. Jeder Turnlehrer, der nicht in diesem Sinne und Geiste wirkt, begeht einen gewissenlosen Frevel an den künftigen Geschlechtern."

*) Der Mann findet Nachahmer. Im vorigen Jahre gab E. Länger, der sich Lehrer der Turnkunst nennt, bei Hermann in Leipzig heraus: „Gymnastische Spiele im Freien, verbunden mit Tableaux (Lebensbildern) zur Beförderung der feinen Körperbildung und des Anstandes für die weibliche Jugend."

**) Werner's Militair-Gymnastik (Dresden und Leipzig 1840. gr. 8.) S. 387. §. 6, 1.

leiblich und geistig schädlichen Betriebe der nur zu leicht mishandelten und misbrauchten Angelegenheit auf jeder Seite an der Stirn tragen *). —

Andererseits haben die letzteren Jahre von beßerer Seite einige ganz brauchbare kleine und kurze „Merkbüchlein" für Turner (von Keil, Heusinger, Ravenstein, Cramer, Stephany ꝛc.), meist nach dem gleichnamigen Eiselen's so wie dessen „Turntafeln" und der „Deutschen Turnkunst" gebracht; nur daß diese alle, ihrem Zwecke gemäß stets die Unterweisung und Erklärung des Turnlehrers oder die Ausübung auf einem belebten Turnplatze voraussetzend, der hinlänglich ausführlichen und umfaßenden Beschreibung der Uebungen entbehren, und obenein sämmtlich die Gefahr mit sich verschleppen, daß auf die Turnplätze, diese Stätten unmittelbarster Selbstleistung und Ueberlieferung, zuviel Papiers verpflanzt werde.

Noch andere, weitläuftigere Turnbücher gliedern und zergliedern die frische Lebensangelegenheit wie die einzelnen Uebungen begriffsmäßig gleich gelehrten Kompendien, gleich lückenlosen schmidtischen Formenlehren. Dieser Art sind die vielfach lehrreichen Werkchen von Spieß, der noch dazu die Sache in übelverstandener und übelverwandter Nachahmung Jahn's mit unaussprechlichen, eher chinesischen als deutschen Wortbildungen **) belastet, und dem es schwer

*) Den ausführlichen Beweis anderen Ortes zu führen bin ich jeden Augenblick bereit und gerüstet. — Wenn das der selige Vieth erlebt hätte!

**) Z. B. Speichbeughalte, Ellbrehhalte, Knickstützhüpf, Speichgriffstütz, Armhandhangstand, Ellbogseitspannstütz u. s. w. u. s. w.

werden sollte, in seiner zurückgehaltenen Anweisung des Betriebes die disjecta membra poetae wieder zusammenzubringen und — von jener Begriffsdürre sich frei und unbefangen zu beweisen.

Noch andere Bücher haben den Titel von Jahn's „Deutscher Turnkunst" geborgt oder vielmehr gekapert, ohne die Seele dieses Buches, den Geist seines Verfaßers, des Gründers der Turnkunst mit zu erhaschen. Diesen, welche aber doch wenigstens mehr oder minder vollständig und klar die Uebungen der guten Berliner Schule (auch die nach dem ersten Erscheinen der „Deutschen Turnkunst" fortentwickelten und hinzugewonnenen) aufführen und beschreiben, ermangeln wieder der wesentlichsten Zuthat, indem sie weder hinlänglich genau und unterrichtend in der Beschreibung der Maße für Räume, Gerüste und Geräthe, noch über das Betreiben der Uebungen mit größeren Massen sind, was beides von größter Wichtigkeit ist und ohne welches ein bloßes Handbuch der Uebungen stets ein todtes Geripp und Register bleibt.

Diesem doppelten Uebelstande wie Bedürfnisse soll die vorliegende kleine Schrift Eiselen's abhelfen, bis die erneute „Deutsche Turnkunst" den seit ihrer ersten Erscheinung angehäuften und wohlgeprüften Schatz der Erfahrung, sowohl in Betreff der Uebungen selbst, als in Bezug auf ihren Betrieb, nicht minder über Bahnen, Uebungsplätze, Geräthe und Gerüste, mit genauesten Maßangaben und Abbildungen vereinigen wird. Wer aber bis dahin eine vorläufig für ihn ausreichende Zusammenstellung und Beschreibung der Uebungen zu haben wünscht, der nehme, obschon das Buch in jeder Beziehung und von vorn bis hinten nicht anders als Plagiat *) zu nennen ist, das „Lehr- und Handbuch der deutschen Turnkunst" von W. Lübeck (Frankf. a. O. 1843. 8.) zur Hand, dem zugleich vier Tafeln Abbildungen von Turngeräthen (auch den neueren in der Eiselen'schen Anstalt **) zuerfundenen Vorrichtungen), nur nicht ausreichende Beschreibungen der Maße bei Bahnen und Gerüsten, noch weniger Abschnitte über Anlage von Turnplätzen, über die Art und Weise, wie Turnübungen zu treiben, Turnanstalten zu leiten sind, beigegeben wurden; denn was darüber, wie über den Geist, welcher die ganze Sache durchwehen und lebendig erhalten soll, vom Herausgeber beigebracht worden ist, gehört nicht ihm an, wie eigentlich wenig oder gar nichts im ganzen Buche. —

Von der voraussichtig richtigen und geschickten Wahl wie Anlage eines Turnplatzes hängt aber für die ebenmäßige Entwickelung und Fortführung einer Turnanstalt selbst sehr viel ab. Hier knickern und markten wollen, hieße die Sache am falschen Ende, ja sie feindlich angreifen. Auf die Redensarten der Bequemlichkeit oder gar der Misgunst, daß dieser oder jener, oft gerade der bestgeeignete Platz zu weit für die liebe Schuljugend abliege, sollte eine weise Stadt- wie Staatsbehörde nie hören, noch weniger eingehen; die aber, welche jeden — Winkel zu einem Turnplatze gerecht und damit die Sache für abgethan

*) Gegen das Werk des ersten Herausgebers der „Deutschen Turnkunst" wie gegen die Manuscripte von Lehrern und Freunden.

**) Welcher der Verfaßer des oben genannten Buches seine ganze Ausbildung verdankt.

halten, versündigen sich wahrhaft an der Jugend wie am heilsamen Einfluße der Sache. Wollte man dieses Leben der Jugend in frischer wohlbedachter Leibesregsamkeit an einen engen Schulhof oder gar dumpfen Saal allein bannen, so wäre gescheiter — gar nicht turnen und der Jugend ihr sonstiges, nur nicht geordnetes und erkleckliches Spiel auf der Wiese und im Walde, dazu Ballspiel, Eislauf, Baden etc. zu belaßen. Wer aber namentlich der Jugend durch knappzugemeßenes, stundenmäßiges Abturnen geholfen glaubt, überträgt seine sonstige Unbekanntschaft mit dem jugendlichen Gemüthe, mit dem richtigen Ebenmaße zwischen leiblicher und geistiger Entwickelung, mit dem Grundverhältnisse zwischen Leben und Schule auch auf dieses eigenthümliche, nicht so leicht und so unbeschadet wie ein Klassiker zu mishandelnde Bildungsmittel über und vernichtet dessen wesentliche Wirkung, indem er seine nothwendigste Grundlage, den freudigen und freien Hinzutritt der turnlustigen Jugend untergräbt. Thatsache ist, daß das Turnen überall da, wo es Pedanten in die Hände fiel, die es zum steifen Exercierzwange oder zu protokollmäßiger Buchhaltung über Leistung und Artigkeitsaufführung hinabdrückten, von der Jugend geflohen und gehaßt, an dessen Stelle aber alsdann, in irregreifendem Triebe nach vermeinter Männlichkeit, „ein bairisch Bier, ein beizender Taback und — — — — — —" angestrebt ward. Daran sind aber bei Gott dann einzig und allein solche Korporalseelen Schuld, deren es auf Kathedern so gut wie in Kasernen gibt. Treibt es recht — — und die Jugend wird euch zujauchzen, den Turnplätzen wie früher zueilen; treibt es tüchtig, gründlich, ausdauernd, frisch und fröhlich — und die Sache wird in eurer Hand sicher und bald wieder ein mächtiger Hebel für leiblich-sittlich-geistige Reinigung und Rettung werden.

Ueber die Doppelaufgabe des Turnplatzes, des Turnlehrers und der Turnkunst überhaupt (die möglichst allseitige Durchbildung des Einzelnen in allen wesentlichen Uebungen so wie den belebenden und erhebenden Betrieb der ganzen Angelegenheit) spricht sich die Schrift meines Freundes, der man am Wenigsten den Vorwurf wird machen können, daß sie an scharfer Scheidung und Schilderung äußerer wie innerer Maßverhältnisse Mangel leide, an mehreren Orten klar aus. Mit Wärme wird namentlich dem Spiele (S. 60) so gut wie der Uebung sein Recht gegeben. —

Mit dem guten Willen ist es übrigens bei dieser, Vielen wieder gänzlich neuen Angelegenheit, und bei ihr vorzugsweise, allein nicht gethan; ja der beste, der uneigennützigste Wille kann hier, durch Unkenntniß und Ungeschick, auch nur was die Fährlichkeit mancher Uebungen betrifft, viel, sehr viel schaden, und hier haben Schul-, Stadt- und Staatsbehörden von vorn herein darüber zu wachen, daß nicht jede Winkelschule, so wohlbeeifert sie jetzt über Hals über Kopf zu turnen beginnt, leibesgefährliche Vorrichtungen oder Uebungen, und diese obenein in unzweckmäßiger Folgewidrigkeit treiben laße; daß ferner kein Lehrer, der, obgleich des Turnens gänzlich unerfahren, sich desselben dennoch unterzieht oder unterfängt, solches ohne vorhergegangene Prüfung, sowohl über hinlängliche Aneignung von Selbstfertigkeit in den wesentlichen Uebungen, ohne welche keine Erfahrung und Einsicht in das Wesen und Ganze der Sache ent- und bestehen kann, als auch in Betreff rüstiger und gewandter Leitung einer wohlgegliederten Turnanstalt thun dürfe *). Je freier und froher man das Leben der Jugend in Leibesübungen unter einem in jeder Beziehung bewährten Lehrer (keinem bloßen Gymnastiker, der die Sache aus irgend welchem Grunde oder nach irgend welchem selbstverschuldeten Schiffbruche als Nothanker ergriffen; aber auch keinem bloßen gelehrten Theoretiker!) sich ausgestalten laßen soll, desto strenger hat man eben in der Wahl und Zulaßung solcher zu sein, welche sich zu diesem neuen, ungewöhnlichen Berufe erbieten.

Ich könnte zum Schluße versucht werden, darüber hier noch Worte zu wiederholen, welche ich über den ernsten Beruf und die nicht leichte Aufgabe eines tüchtigen Turnlehrers in einer kleinen bereits 1838 herausgegebenen Schrift **) ausgesprochen habe; doch will ich dies lieber mit den treffenden Worten des Begründers der Turnkunst thun, dem man wenigstens das zugestehen und laßen wird, daß er wie kein Erzieher vor ihm in der Seele, vorzugsweise der männlichen Jugend gelesen hat.

---

*) Das heißt mit anderen Worten, daß immer mehr Lehrer und fortan sämmtliche Kandidaten des höheren wie niederen Lehramtes durch eigenes Einturnen nach Kräften (gemäß der K. Ministerial-Verfügung vom 7ten Februar d. J.) sich auch dieses wesentlichen Zweiges der Erziehungskunst bemächtigen, wie es schon in diesem Frühjahre in Eiselen's Anstalt Professoren und Lehrer von Posen, Mühlhausen, Erfurt, Luckenwalde u. s. w. gethan haben.

**) „Die öffentliche Turnanstalt zu München." München, Jos. Lindauer. 1838. X. u. 84 S. 8.

„Unter allen Lehrern (sagt Jahn in seiner Deutschen Turnkunst S. 216 ꝛc.) hat ein Turnlehrer den schwersten Stand. Bei andern Lehrern beruht das Geschäft auf Wißen und Wißenschaft, in denen beim allstündlichen und alltäglichen Betreiben von Zeit zu Zeit weitere Fortschritte zu machen sind. Des Turnlehrers Wirken ist unzertrennlich von Kennen und Können. Ein anderer Lehrer wird dem größten Theile seiner Schüler immer voraus bleiben; einen Turnlehrer müßen aber die Knaben und Jünglinge bald in den Turnübungen einholen und können ihn dann leicht übertreffen. Demnach muß ein Turnlehrer vor allen Dingen bemüht sein, sich in den Turnübungen so viel Fertigkeit zu erwerben und zu erhalten, als seine Leibesbeschaffenheit erlaubt. Nur eigenes Selbstversuchthaben und Erproben geben ihm einen deutlichen und klaren Begriff von der einzelnen Bewegung und Uebung und von den Wirkungen, so sie hervorbringen. Dabei muß er sich sehr hüten und sorgfältig in Acht nehmen, daß er den kleineren Turnern kein Bild der Lächerlichkeit und auffallenden Ungeschicklichkeit giebt. Größere ehren schon den guten Willen und das mühevolle Bestreben. Geht ihm auch die Erwerbung einzelner Turnfertigkeiten nicht von Statten, so muß er doch in alle Theile der Turnkunst eindringen und in den Geist des Turnwesens. Die Turnschüler müßen den Turnlehrer als Mann von gleichmäßiger Bildung und Volksthümlichkeit achten können, der Zeit und Welt kennt und das Urbild, wonach zu streben ist, sonst wird er bei aller turnerischen Fertigkeit ihnen nur wie ein Faselhans und Künstemacher vorkommen. Ein Turnlehrer muß

1. der Jugend kein böses Beispiel geben, weder auf noch noch außer dem Turnplatze;
2. sich während der Turnzeit aller solcher Genüße enthalten, die der Jugend nicht geziemen, z. B. Taback rauchen, Schnaps trinken u. a. dgl.;
3. sich nicht vornehmthuerisch und aufthuerisch gebärden, sondern stets leutselig sein und bleiben;
4. nicht zu spät auf den Turnplatz kommen, sondern wo möglich immer mit den Früheſten da sein;
5. als Gesetzbewahrer die Gesetze zuerst halten und sich nicht hoffärtig davon ausnehmen, sondern der strengste Richter gegen sich selbst sein;
6. es bei Leibe nicht allen Turnern zuvor- oder gleichthun wollen, sondern sich still und bescheiden, ohne Lärm und Geschrei einturnen;
7. die Gespräche der Jugend so leiten, daß sie lehrreich und unterhaltend werden, und in Wort und Werk keinen Anstoß geben;
8. auch den Schein von Schulsteifheit vermeiden und in seinem Betragen und Benehmen freundschaftlich mit Ernst und herzlich mit Würde sein;
9. es deutlich an den Tag legen, daß er von der Wichtigkeit der Sache begeistert ist und nicht von feiler Selbstsucht und schnöder Eitelkeit getrieben wird;
10. mit seinen Schülern, Zöglingen und Anvertrauten zu leben verstehen und umzugehen wißen, daß sie ihn als Menschen lieben und als Mann achten;
11. die versteckten Eigenthümlichkeiten auffinden, die keimenden Tugenden pflegen und die hervorgesproßenen volksthümlich ausbilden;
12. als der ältere Freund, Ordner, Schiedsrichter, Rathgeber und Warner unter den Turnern walten."

Berlin, am 19. des Brachmonds 1844.

H. F. Maßmann.

Erster Abschnitt.

Anlegung und Einrichtung eines Turnplatzes.

A. Im Allgemeinen.

Bei Anlegung und Einrichtung eines Turnplatzes hängt so viel von der gegebenen Oertlichkeit und den besonderen Bedürfnissen ab, daß sich Angaben darüber durchaus nicht im Allgemeinen machen laßen; daher hier zunächst nur beigebracht werden wird, was überall zu berücksichtigen ist, wonach mehrere einzelne Fälle genauer ausgeführt werden sollen.

Vor Allem aber müßen die Grundbedürfnisse einer jeden Turnanstalt, die Grundbeschaffenheiten eines jeden nur einiger Maßen geeigneten und geordneten Turnfeldes festgehalten werden. Da stellt sich zunächst als eigentlich unerläßliche Bedingung die Anlegung oder Lage eines jeden Turnplatzes außerhalb der Stadtmauer heraus, fern von den Eitelkeiten der Klein- wie Großstädte, wo möglich in freier, frischer Waldluft und in der Nähe von spielgerechtem Gebüsch und Knieholz. Damit ist die Anlage einer kleineren Turnanstalt näher oder unmittelbar bei einer öffentlichen Schule, einer Erziehungsanstalt, einem Waisenhause 2c. nicht verredet, wo wegen des Lehrplanes täglich bestimmte Turnstunden eingehalten und eingefugt werden müßen; im Gegentheil, wir wünschen jeder Schule, zwar weniger einen engen und kümmerlichen Turnplatz, doch einen hinreichenden Spielplatz, der in den sogenannten Zwischenstunden aus vielerlei Rücksichten wohlthätiger ist, als ein in seinen Räumen und Größen beengter, in den Maßen seiner Geräthe verwahrloster, nur flüchtig und unordentlich benutzter Turnplatz. Gegen einen öffentlichen Turnplatz aber mitten in einer Stadt müßen wir uns unbedingt aussprechen; noch mehr fast, wenn er mit Zäunen, Mauern und Häusern umgeben wäre *). Wahre Oeffentlichkeit, d. h. Zugänglichkeit des Platzes, so weit die Anschauung der Uebungen (außerhalb der Schranken) es erfordert, ist wahre Lebensluft der Sache, und jeder Vater, Lehrer und Jugendfreund ist der gleichsam unsichtbare und doch gegenwärtige Sittenförderer des jugendlichen Treibens; aber heilige Pflicht bleibt, aus der Enge des Haus- und Schullebens so oft und so lange als möglich in Gottes freie Schöpfung hinauszuführen; in welchem Sinne auch die K. Ministerialverfügung vom 7. Febr. d. J. sowohl die Anlage der Turnanstalten im Freien anordnet, als auch das volle Ausschöpfen der schulfreien Nachmittage für die Sache in Anspruch nimmt.

Wie beschränkt und klein übrigens auch immer der Raum für eine Turnanstalt sein mag, immer muß die Umgebung desselben möglichst freundlich und gesund sein, oder durch Bäume gemacht, hohe Mauern aber und Gebäude in der Nähe müßen so viel als möglich gemieden werden. Wird nun ein Turnplatz für die Jugend eines oder mehrerer Dörfer oder Schulen, oder einer ganzen Stadt oder auch einer einzelnen Anstalt angelegt, für dessen Uebungen die ganzen schulfreien Nachmittage verwendet

*) Wer einen glücklich gelegenen Turnplatz mit einem Zaune umgeben kann, muß zu viel Geld und zu wenig Ahnung von dem haben, was der Jugend frommt und zukommt.

werden, so ist es durchaus nicht zu scheuen, wenn derselbe eine halbe Stunde von der Stadt fern liegt; ja es wäre jedes Mal und überall selbst ein drei Viertel bis eine Stunde weit gelegener einem näheren, aber minder brauchbaren vorzuziehen, denn selbst den jüngeren Turnern von 7—10 Jahren, denen man ohnehin nur leichtere Uebungen zumuthet, ist schon der Hin- und Heimgang eine treffliche Uebung und Vorbereitung. Der in den Jahren 1811, 1812, 1844 in der Hasenhaide und 1842 in der Nähe von Moabit bei Berlin angelegte Turnplatz war und ist ein so gelegener; Keiner scheute damals und jetzt die weiten Wege, an welche der Großstädter ohnehin gewöhnt ist.

Jeder Turnplatz muß wo möglich folgende Beschaffenheit haben. Er muß e b e n sein (oder doch theilweise eben gelegt werden) und h o ch liegen: auf der Höhe ist reinere Luft, freierer Ausblick und die Uebungen können nicht so oft durch Feuchtigkeit unterbrochen werden. Er muß f e s t e n, mit kurzem R a s e n bedeckten Boden haben und mit B ä u m e n bestanden sein, doch nicht mit Obstbäumen, wegen des unreifen Obstes, auch nicht mit Kiefern, wegen des Ausgleitens auf den Nadeln, Kienäpfeln (Tannzapfen) und Wurzeln. Fehlen die Bäume ganz, so muß man deren anpflanzen, wenigstens auf den Grenzen des Platzes und auf dem Tie (dem Ruhe- und Versammlungsplatze) und, wenn es sein kann, auch zwischen den einzelnen Übungsplätzen.

Bäume sind in doppelter Hinsicht vortheilhaft. Sind sie groß und starkastig, so läßt sich manches Kletterzeug daran anbringen, und werden dadurch viele Kosten erspart; in jedem Falle aber geben sie gegen die Sonne Schatten und gegen den Wind Schutz, der nie ganz zu entbehren ist. Die besten Turnbäume sind Eichen, Linden und Ahorn. Muß man pflanzen und rasch Schatten erzielen, so sind Birken und Schwarzpappeln auch nicht zu verachten. Schotendorn, Roßkästen und Spitzpappeln sollten nie geduldet werden, die beiden ersteren wegen der Stacheln und des Mißbrauches ihrer Früchte, die letzteren wegen der Raupen und des geringen Schattens.

Besonders gern hält man den Ost-, Nordost-, Nord- und Nordwestwind von Turnplätzen ab, und ist es schon deshalb gut, wenn dieselben im oder am Walde liegen. Kann man in der Nähe einen bequemen Waldraum zum Jagd- und zum Ritter- und Bürgerspiele haben, so wie eine Anhöhe oder Halde zum Tiefensprunge und zum Stürmen, so ist dies viel werth.

Jeder Turnplatz, auf welchem die Turnzeit mehrere Stunden währt, oder welcher sehr weit von der Stadt entfernt ist, muß frisches Waßer zur Erquickung der Turner haben oder aus der Nähe beschaffen können, nicht minder zum Begießen der Baumpflanzungen, Hecken, Gräben, Bahnen; auch, wo es nöthig, zur Unterdrückung allzugroßen Staubes. Ein Brunnen auf dem Turnplatze selbst muß verschließbar sein, da nur in der allgemeinen Turnrast auf dem Tie nach erfolgter Abkühlung getrunken werden darf. Ein Hauptbedürfniß für jeden Turnplatz ist eine feste, verschließbare Hütte oder ein Schuppen oder ein kleines Haus (unweit des Tie's) zur Aufbewahrung des beweglichen Turngeräthes im Sommer wie im Winter. Soll der Schuppen auch zur Wohnung des beständigen Wächters, so wie zur Unterbringung des im Winter ausgegrabenen Turnzeuges und namentlich der langen Klimmleitern dienen, so darf er freilich nicht unter 30 Fuß lang sein.

Rund oder rings um jeden Turnplatz muß ein breiter Weg (für die Zuschauer) führen; selbst bei beschränkteren und eingeschloßeneren Plätzen sollte ein bestimmter Gang oder Raum für dieselben vorhanden sein, da ihre Gegenwart zwischen den Bahnen und Turnern selbst nur störend und belästigend sein kann. Eine breite Einfahrt bis zum Schuppen muß ebenfalls vorgesehen werden, damit bei der ersten Einrichtung wie bei späteren Nachschaffungen und Ausbeßerungen Maste und Bauhölzer dahin befördert werden können, ohne andre Uebungsstellen zu berühren. Ein Fußweg, oder, wenn die Turner von sehr verschiedenen Richtungen zum Turnplatze kommen, ein Paar führen zum Tie, zum Schuppen und zu den Kleidergestellen. Aber auch die einzelnen Übungsplätze werden durch 5 Fuß breite Wege getrennt und verbunden, damit die Abtheilungen der Turner, welche (in der Turnschule) die Übungsstellen wechseln, die noch turnenden nicht stören, die ablösenden nicht hemmen. Die Verbindungswege eines Turnplatzes müßen sich so gliedern, münden und vertheilen, daß vom und zum Tie die ganze Turnerschaar auf das Schnellste und Unversäumteste zu allen Übungsstellen und Bahnen strömen kann.

Einfache, 3 — 3½ Fuß hohe Schranken umgeben am besten den ganzen Turnplatz; doch muß hinter diesen (innerhalb des Platzes) eine dichte, niedrig gehaltene Dornhecke in einem hinlänglich breiten und tiefen Graben angelegt werden, um dem Vieh das Eindringen unmöglich zu machen, dessen Dünger leicht Ausgleiten für Laufende, Springende und Ringende verursacht. Im Nothfalle muß freilich ein bloßer Graben ausreichen.

Die Bahnen zum Springen, Bockspringen, Schwingen u. s. w. müßen überall, wo nicht fester Boden vorhanden ist, von Lehm (Letten) geschlagen und mit Sand überstreut werden. Das Letztere muß auch mit der Rennbahn geschehen, wenn sie fetten Boden hat. Schlimmer ist es, wenn sie tiefen

Sand hat, weil diesem Übelstande nur durch Überlehmung und Auffahren fetter Erdart abgeholfen werden kann. Wo beide Verfahrungsarten zu viel Schwierigkeiten oder Kosten verursachen, hilft man sich bei den Springbahnen durch Sprungbretter, die wenigstens einen festen Abstoß geben, doch, um das Ausgleiten zu verhüten, häufig gereinigt werden müßen. Bei den Rennbahnen muß man die Schwierigkeit überwinden und sich damit trösten, daß der so geübte Lauf, auf festem Boden ausgeführt, um so leichter und schneller geht. — Nur auf dem Ringplatze ist Sand wünschenswerth, selbst tiefer.

Die beste Gestalt eines Turnplatzes ist ein Rechteck, das beinahe noch einmal so lang als breit ist, weil man alsdann der Rennbahn die gehörige Ausdehnung in gerader Richtung geben kann, und keine Übung durch eine zu große Tiefe des Platzes dem Auge der außen Stehenden entzogen wird. Bei der Auswahl der Stellen für die einzelnen Übungen hat man vorzugsweise darauf zu sehen, daß diejenigen, welche zu einer und derselben Hauptgattung gehören, nicht zu weit auseinander kommen (z. B. alle Laufbahnen, alle Stellen zum Hoch-, Weit-, Tief- und Stabsprung rc.). Eben so sehr hat man auch im Auge zu behalten, daß die sich entgegengesetzten Übungen, d. h. solche, bei denen vorzugsweise die oberen, und solche, bei denen vornehmlich die unteren Gliedmaßen zur Anwendung und Anstrengung kommen, nicht zu fern von einander rücken, damit der darauf Rücksicht nehmende Wechsel der Uebungen in der sogenannten Turnschule ohne wesentlichen Zeitverlust erfolgen könne. Ein drittes Augenmerk verlangt die Lage des Platzes in Betreff des Sonnenstandes (an den schulfreien Nachmittagen) während der meisten Übungen, die, wie namentlich das Springen und Schwingen nicht den Anlauf in die Sonne erlauben, oder wie alle zweischaarigen Spiele (besonders das Barlaufen), einem Theile anders die Sonne bieten würden. Diesen muß man stets nur halbe Sonne geben. Auch bei den Kletterübungen oder bei Aufstellung der Klettergerüste ist darauf zu sehen, daß die an den Leitern Klimmenden und an Tauen und Bäumen Enternden nicht in die Nachmittagssonne, sondern mehr nach Morgen blicken. Diejenigen Übungen endlich, bei denen schwere, doch tragbare Geräthe gebraucht werden (Bockspringen, Schwingen, Stoßen), dürfen nicht allzuweit vom Schuppen verlegt werden.

Den Zuschauern muß zwar der An- und Überblick der Übungen, so viel es geht, ermöglicht und erleichtert werden; doch hat man wieder wohl zu verhüten, daß diejenigen Übungen, bei welchen eine Schaustellung mehr als bei anderen stattfindet, und wo zugleich die ganze Riege oder Abtheilung stets um das Turngeräth versammelt bleibt, zu nahe an die Schranken gelegt werden. Dergleichen Übungen sind besonders die am Reck, am Barren und das Klettern. Auch das Schwingen, Bock- und Stabspringen sollte man stets etwas weiter von den Schranken entfernt halten. Man legt deshalb gern und lieber die Renn-, Schlängel und Zickzack-, nicht minder die Gerwurf- und Ziehbahn näher zu den Schranken. Der Mitte des Platzes zu liegen muß der Tie mit dem Schuppen. Dort können auch liegen der Spielplatz, Ballplatz (wenn er in den Turnplatz hineingezogen wird), die Schock- und Stoßbahn, der Wunderkreis und die Halle (unter welcher bei starkem und anhaltendem Regen geturnt wird) *).

*) Schockbahn nnd Ballplatz sind auf den hier als Bei-

Daß Wege vorhanden sein müßen, um von einer Übungsstelle zur andern überzugehen, ohne eine dritte zu kreuzen oder zu berühren, wurde schon oben gesagt; es muß aber auch, um die nothwendige Ordnung zu erhalten, nicht nur der Platz für jedes Geräth und die Breite wie Länge jeder Bahn genau bestimmt und gekennzeichnet werden, sondern wo möglich auch die Stelle, auf welcher sich die einzelne Riege aufstellt, um dem Ordnungssinne zu Hülfe zu kommen. Ein mit Rasen bewachsener Platz erleichtert dies sehr, weil man hier bei allen Bahnen und Niedersprungsörtern den Rasen wegheben und die Grenzen der Wege und einzelnen Übungsplätze durch schmale Furchen oder Raine kennzeichnen kann. Eine für jeden vollständig ausgerüsteten Turnplatz erwünschte, ja nothwendige Einrichtung, die aber jetzt noch fast überall fehlt *), ist die schon genannte offene Halle. Wenn der Turner auch ungünstiges und böses Wetter nicht scheuen, vielmehr sich dagegen abhärten soll und darum auch bei mäßigem Regen längere Zeit fortspielt wie wandert (die fortgesetzte Bewegung erhält ihn warm), so können gewisse Übungen doch sehr bald in ihren Bahnen oder an den naßglatten Gerüsten nicht mehr fortgesetzt werden, und hiefür wie für anhaltend regnerisches Wetter muß ein bedeckter Raum vorhanden sein, der fortzufahren erlaubt. Eine solche Halle oder offener Schuppen (über ihre Größe siehe unter B) hat ein flaches oder wenig aufsteigendes Dach, ruht auf Säulen, die je auf 20 Fuß von einander entfernt sind,

---

spiele gegebenen Plänen gar nicht aufgeführt worden, da sie sehr viel Raum erfordern, und auf einer breiten Rennbahn das Schocken gut, das Ballspiel allenfalls getrieben werden kann.

*) In der Schweiz hat man mehrfach solche Hallen, aber nicht immer freie Turnplätze.

und ist nur an der Wetterseite durch bewegliche Läden gegen Regen und Sturm geschützt.

B. Größe der einzelnen Übungsplätze.

Von den hier angegebenen, wenn sie nicht unter bestimmten Voraussetzungen mitgetheilt sind, darf man keinen Schluß auf alle Fälle und besonders nicht auf das Turnen in Wintersälen machen. Im Freien hat man zwar gewöhnlich mehr Raum; man kann sich aber auch im Nothfalle mit weit wenigerem begnügen, indem man z. B. einen Freispringel, Bock und Schwingel weit näher an die Grenze eines Platzes rücken darf, der von einem andern Platze oder Wege oder auch einer Hecke begrenzt wird, als an die Wand eines Sales u. s. w.

Es gehören aber im Allgemeinen

1. zur Rennbahn: 25—50 Fuß Breite und 320 Fuß oder 330—530 Fuß Länge, je nachdem Viele zugleich wettlaufen sollen; die 20 oder 30 Fuß bei der Länge dienen zur Aufstellung beim Ablauf und zum allmäligen Abbrechen des Laufes;
2. zur Schlängelbahn: 70 Fuß Länge und 30 Fuß Br., ohne Reede*) 22 Fuß;
3. zur Zickzackbahn: wie zur Schlängelbahn;
4. zum Freispringel: 40 Fuß Länge und 10 Fuß Breite, wenn mehrere neben einander stehen, sonst 12 Fuß Br.;
5. zum Stabspringel: 50 F. Länge und 12—14 F. Br.;
6. zum Springgraben: je nachdem er 4—16 Fuß oder 8—20 Fuß Breite hat, 65 oder 70 Fuß Länge und

*) Reede: die Stelle, auf welcher man sich (wie die Schiffer) bereit macht, sich aufstellt oder auch ausruht und zuschaut.

50 Fuß Breite, allenfalls nur 40 Fuß Breite, dann kann man aber weniger Riegen daran beschäftigen; für eine Riege muß zur Noth 10—12 Fuß Breite ausreichen;

7. zum Tiefspringel: 25 Fuß Länge und 20 Fuß Breite, und wenn nach beiden Seiten abgesprungen werden soll, 40 Fuß Breite;
8. zu Schwingböcken: 40 Fuß Länge und 10 Fuß Br.;
9. zu Schwingeln: 50 Fuß Länge und 12—14 Fuß Br.;
10. zur Sturmsprungbahn: 50 Fuß Länge und 10—12 Fuß Breite;
11. zur Sturmlaufbahn: 60 Fuß Länge und 10—12 Fuß Breite;
12. zum Barren: 12—14 Fuß Breite und 20—24 Fuß Länge; zu acht Barren in zwei Reihen 50 Fuß Länge und 40 Fuß Breite;
13. zum Reck: 10 Fuß Länge und 16—20 Fuß Breite; zu acht Doppelrecken in zwei Reihen 70 Fuß Länge und 30—36 Fuß Breite, in einer Reihe 140 Fuß Länge und 20 Fuß Breite;
14. zum Schwebebaume: 12—16 Fuß Breite und 60 bis 80 Fuß Länge;
15. zum Liegebaume: 12—16 Fuß Breite und 60 bis 80 Fuß Länge;
16. zum Hangelrecke: 12—20 Fuß im Gevierte, je nachdem es vier- oder sechseckig ist;
17. zum Klimmel: 10—12 Fuß im Gevierte;
18. zum Einbaume: 30 Fuß im Gevierte;
19. zum vollständigen Klettergerüste als Zweibaum: 32 bis 36 Fuß Länge (mit Enterbaum und Entertau) und 30 Fuß Breite (für Rahe und Nebenraum);

20. zu einem Klettermaste: 4—6 Fuß im Gevierte;
21. zu einer Hangelleiter: 20 Fuß Länge und 10 Fuß Breite;
22 zur Gerwurfbahn: 70—100 Fuß Länge, je nachdem mit oder ohne Anlauf geworfen wird, und 40 Fuß Breite (zu zwei Bahnen nur 120 Fuß Länge);
23. zur Schockbahn: 120 Fuß Länge und 60 Fuß Breite;
24. zur Stoßbahn: 20—30 Fuß Breite und 40 Fuß Länge;
25. zur Ziehbahn: 12—20 Fuß Breite und, wenn 20 gegen 20 ziehen sollen, wenigstens 100 Fuß Länge;
26. zum langen Schwungseile: 25—30 Fuß Breite und 40—50 Fuß Länge;
27. zum kurzen Schwungseile oder halben Reifen: 20 bis 30 Fuß im Gevierte;
28. zum Vorübungsplatze: wenigstens 20 Fuß Breite und 40 Fuß Länge;
29. zum Spielplatze: 40—100 Fuß Breite, je nachdem die Spielschaar, und für kleinere 90—100 Fuß, für größere 120 Fuß Länge;
30. zum Ringplatze: wenigstens 40 Fuß im Gevierte;
31. zum Ballspielplatze: 100 Fuß Breite und 300 Fuß Länge; wegen seiner Größe wird dieser nur auf den größten Turnplätzen und wenn außerhalb derselben kein passender Raum dazu vorhanden ist, eingerichtet werden können;
32. zum Wunderkreise: 50—100 Fuß im Gevierte, je nachdem man mehr oder minder Kreise legt;
33. zum Rundlaufe: 25 Fuß im Gevierte;
34. zur Halle: 25—100 Fuß Breite und 50 Fuß Länge;
35. zu den Kleiderricken: 40 Fuß Länge und 20 Fuß Br. bei 400 Turnern, oder etwa 2 Geviertfuß für jeden;

36 zum Schuppen: 20 Fuß Breite und 40 Fuß Länge, mit Umgebung und Vorplatz etwa 50 Fuß Länge und 30 Fuß Breite;

37 zum Tie: 50 Fuß im Gevierte oder 60 Fuß Länge und 40 Fuß Breite bei 400 Turnern, oder etwa 6 Geviertfuß für jeden.

C. Bestimmung der Größen eines Turnplatzes nach der Anzahl von Turnern, welche darauf geübt werden sollen, und Beschreibung dreier Turnplätze: für 80—150, 200—300 und 400—500 Turnern.

Die Größe eines Turnplatzes ist durchaus abhängig von der Zahl der Turner, die zu gleicher Zeit darauf geübt werden sollen. Es wäre aber ein sehr falscher Schluß, wenn man annehmen wollte, daß für 200 Turner nur halb so viel Flächenraum nöthig wäre als für 400; denn 50 Turner von jedem Alter und jeder Größe brauchen eigentlich Turnzeug von eben so vielen Abstufungen als 400, wenn auch nicht von jedem Grade mehrere Stücke, und Rennbahn, Schlängelbahn, Spielplatz u. s. w. müßen für eine geringe Anzahl theils eben so groß, theils nicht viel kleiner sein als für die größte.

Hauptgrundsatz, wonach Größe und Einrichtung eines Turnplatzes sich bestimmen, ist demnach folgender. Ein Turnplatz ist dann vollständig eingerichtet, wenn beim regelmäßigen Wechsel durch alle Hauptübungen (s. Abschn. II.) alle Turner zu gleicher Zeit beschäftigt werden können und hinreichenden Raum, so wie die gehörige Anzahl aller für sie passenden Geräthe finden. Diese Regel wollen wir an dreien Beispielen, wie sie wohl in der Wirklichkeit am häufigsten vorkommen möchten, erläutern, indem wir die Zahl des Turnzeuges und Geräthes, und danach die Größe der Turnplätze für 80—150, 200—300 und 400—500 Turner angeben, wobei jedoch nicht nöthig sein wird, alle Gesichtspunkte, die bei Anwendung jener Grundsätze in's Auge gefaßt werden müßen, bei jedem einzelnen Falle aufzustellen, sondern hinreichen wird, dieses bei einem zu thun und bei den andern nur darauf hin- oder zurückzudeuten.

1. Anzahl der Geräthe und Raum zu einem Turnplatze für 200 — 300 Turner jedes Alters.

Der Kreislauf sämmtlicher Hauptübungen (s. Abschn. II.) wird in sechs Turntagen durchgemacht; auf jeden Tag fallen zwei Hauptübungen, deren es also im Ganzen zwölf gibt. Soll nun die möglichst größte Anzahl von Turnern beschäftigt werden, so bildet man so viel Abtheilungen als Hauptübungen, und beschäftigt alle zwölf Abtheilungen zu gleicher Zeit: je zwei Abtheilungen lösen sich dann immer bei zwei Hauptübungen ab, und jede Abtheilung hat nach Umständen eine oder mehrere Riegen. Je weniger Riegen eine Abtheilung hat, desto vortheilhafter ist es; denn je mehr Riegen dieselbe Uebung treiben, desto mehr Turnzeug gehört dazu.

Im vorliegenden Falle theilen wir die ganze Turnschaar, je nachdem sie aus 200 oder 300 Turnern besteht, in 10 Abtheilungen, jede zu 2 Riegen und zu 10 Turnern, oder in 12 Abtheilungen zu 2 Riegen, und jede dieser von 12 bis 13 Turnern, wodurch demnach dasselbe Turnzeug, das man für 200 Turner braucht, auch für 300 ausreicht.

Bei dieser Einrichtung würden erfordert:

A. 2 Paar Freispringel,

2 Paar Stabspringel,
1 Springgraben, 4—11 Fuß breit;
1 " 11—18 Fuß breit; oder
1 " 4—18 Fuß breit:
2 Tiefspringel, verbunden, von 1½—10 Fuß Höhe, 4 Fuß Breite;
3 Schwingböcke, obgleich nur 2 zugleich im Gange sind;
2 Schwingel,
1 Schwebebaum,
1 Liegebaum,
1 Rust,
1 Schlet,
6 Barren, von 36, 39, 42, 46, 50, 54 Zoll Höhe; sind sehr kleine Turner dabei, so müßen die kleinsten Barren, wenn man keinen Tritt einschieben mag, noch etwas niedriger sein;
4 Doppelrecke, von 4, 4½, 5, 5½, 6, 6½, 7 und 7½ Fuß Höhe, so daß also jedes Doppelreck 2 Reckstangen von verschiedener Höhe erhält;
3 Sturmsprungbretter, von 6, 7½ und 9 Fuß Länge, und 2 Böcke;
1 Sturmlaufbühne,
2 mal Rundlaufzeug,
2 Hangelleitern,
1 Einbaum,
2 Zweibäume, von 20 Fuß und 12 Fuß Höhe, jeder mit Entertau, Enterbaum, Klimmleiter, Klettertau, Knotentau, Sproßentau, Strickleiter, Steigeleiter, Lehnstange und 2 Kletterstangen versehen;
2 Klettermaste,

2 Ger- oder Pfahlköpfe,

2 lange } Schwungseile,
30 kurze }

30 halbe Reifen,

2 kurze Ziehstäbe,

1 Knebelgurt,

24 Windestäbe,

1 Nackziehseil,

2 Ziehtaue, von 20 Fuß und 60 Fuß Länge;

5 Dutzend Springstäbe, von 7—11 Fuß Länge;

24 Gere, 12 zu 6 Fuß und 12 zu 7 Fuß Länge;

2 Dutzend Kugeln oder Steine von 3 — 24 Pfund,

Hanteln von 2, 3, 4, 5, 6 und 8 Pfd. Schwere, von jeder Art wo möglich 6 Paar, von den 8 Pfündern wenigstens 2 Paar;

2 Bälle, von 9 Zoll und 12 Zoll Durchmeßer;

1 Kraftmeßer,

5 Maßstäbe: 1 aufrechtstehender fester im Schuppen mit Schieber, und 4 bewegliche von 20, 15, 12 und 10 Fuß Länge;

2 Spaten,

4 Harken oder Rechen.

B. Außer den zu dem obigen feststehenden Turnzeuge gehörigen Plätzen:

1 Rennbahn,

1 Schlängelbahn,

(1 Zickzackbahn),

1 Schockbahn,

1 Stoßbahn,

1 Gerwurfbahn

1 Ziehbahn,
1 Wunderkreis,
1 Spielplatz,
1 Ringplatz,
1 Platz zu den Seilübungen,
1 Schuppen,
Kleidergestelle,
Tie mit Bänken und Dingstatt.

In der Zeichnung A. sind nun alle diese Räume zu einem vollständigen Turnplatze zusammengestellt, zu dessen Erklärung noch Folgendes diene. Die nöthige Baumpflanzung geschieht am Besten a) in den Grenzstreifen oder Rainen aa., in denen auch Hecke, Graben und Schranken enthalten sind, b) auf allen Wegen bb., c) an der inneren Seite der Rennbahn, in der Mitte des Wunderkreises und der Dingstatt, auch zwischen den Recken.

aa. und bb. sind überall 5 Fuß breit; wo die Wege schmaler oder breiter werden, ist es angemerkt. Der Haupteingang und die Einfahrt ist zwischen Springgraben und Wunderkreis angenommen; ein zweiter Eingang zwischen Schlängel- und Zickzackbahn.

cc. sind zwei kleine unbenutzte Plätze.

d. die Rennbahn, darauf

e. der Standpfahl des Auslaufs, 5 Fuß vom Anfange;

f. der Zielpfahl, 15 Fuß vom Ende.

Auf der Rennbahn werden Schocken, Seilübungen, Ringen und das Balltreiben, letzteres auch wohl auf dem Spielplatze vorgenommen. Zum Schocken ist der Spielplatz eigentlich noch geeigneter, da er doppelte Breite bietet. Eine eigene Schockbahn richtet man nur da ein, wo überflüßiger Raum vorhanden ist. Soll während der Schule wettgelaufen werden, so läßt man Ringen und Seilübungen auf dem Spielplatze oder auf der Zieh= und Stoßbahn vornehmen.

g. Platz für den Springgraben, der 48 Fuß lang und von 4 — 18 Fuß breit ist. Am breitesten Ende müßen noch 7 Fuß für den Hinübersprung bleiben; somit 45 Fuß für den Anlauf.

h. Platz zum Stabhochspringen: die Stabspringel 8 Fuß vom Ende ab.

i. Schwingplatz.
k. Bockspringplatz.
} Die Anläufe gehen wie bei g und f nach der Rennbahn zu, weil dort die Nord= oder beßer die Nordost=seite angenommen wird.

l. Platz zum Tiefspringen.

m. = = Freihochspringen.

n. = zu den Barren, welche, um Raum zu ersparen, in zwei Reihen nach der Zeichnung aufgestellt werden.

o. Reckplatz.

p. Schlängelbahn.

q. Zickzackbahn.

r. Wunderkreis.

s. Gerwurfbahn.

t. Schuppen.

u. Halle mit 2 Rundlaufbahnen oder diese allein.

v. Kleiderschuppen.

w. Tie mit Dingstatt und Bänken.

x. Spielplatz.

y. Stoßbahn.

z. Kletterplatz.

dd. Schwebeplatz.

ee. Ziehbahn.

ff. Sturmlaufbahn.

gg. 2 Sturmspringbahnen.

Für Schocken, Seilübungen, Ringen und Balltreiben sind keine besonderen Plätze bestimmt, weil diese Übungen, besonders Schocken und Balltreiben viel Raum erfordern und sehr gut auf der Rennbahn getrieben werden können. Für die Seilübungen muß man dann am Rande der Bahn 5 Fuß hohe Pfäle eingraben, oder, wenn man sie in 2 oder 4 Seilen zugleich treiben will, in dem 15 Fuß vom Ende stehenden Zielpfale 4 drehbare Ringe befestigen.

2. Geräthe und Räume zu einem Turnplatze für 80—150 Turner jedes Alters.

Achtzig Turner werden in 8 Riegen, jede zu 10 Turnern getheilt; nehmen wir 12 Riegen zu 12—13 Turnern an, so kommt auf jede der 12 Hauptübungen auch nur eine Riege und wir können an demselben Geräthe und auf demselben Raume 150 Turner beschäftigen.

Das Turngeräth für diese 80 oder 150 Turner ist folgendes:

A. 1 Paar Freispringel }
1 Paar Stabspringel } Mehr sind nicht durchaus nöthig; doch ist es gut, wenn man von diesen wohlfeilen Turngeräthen 2 Paar aufstellen kann.

1 Springgraben von 4—18 Fuß Breite.

1 Tiefspringel

2 Schwingböcke: ein kleiner und ein mittlerer, dieser mit doppeltem Schieber für die Größeren.

1 Schwingel: 5 Fuß 4 Zoll lang und 16 Zoll dick.
1 Schwebebaum.
1 Liegebaum.
1 Schlet.
1 Rust.
4 Barren von 40, 45, 50, 54 Zoll Höhe und 2 Einschiebetritte: beßer 6 Barren.
3 Doppelrecke von 4 Fuß, 4 Fuß 7 Zoll, 5 Fuß 2 Zoll, 5 Fuß 9 Zoll, 6 Fuß 4 Zoll, 7 Fuß Höhe, oder 2 einfache feste und ein höheres und stellbares.
3 Sturmsprungbretter von 6, 7½ und 9 Fuß Länge und 1 Bock.
1 Sturmlaufbühne kann, wo die Kosten sehr berücksichtigt werden müßen, allenfalls entbehrt werden.
1 Rundlaufzeug
1 Hangelleiter.
1 Klettergerüst: theils 20 Fuß, theils 12 Fuß hoch. Die große Rahe geht ganz durch; die kleine nur vom Mast bis zur dicken Kletterstange.
1 Einbaum: 40 Fuß hoch, ohne Leitern und Bühnen, aber mit Sproßen und eisernem Arme für das Tau; am Besten dicht vor dem Klettergerüste stehend. Wo man die Kosten daran wenden kann, ist ein vollständiger Einbaum freilich beßer.
2 Klettermaste.
1 Pfahlkopf.
1 langes und 30 kurze Schwungseile.
20 halbe Reifen.
2 kurze Ziehstäbe.
1 Knebelgurt.

24 Windestäbe.
1 Rackziehseil.
2 Ziehtaue von 20 und 60 Fuß Länge.
4 Dutzend Springstäbe von 7—11 Fuß Länge.
24 Gere: 12 zu 6 Fuß, 12 zu 7 Fuß Länge.
2 Dutzend Kugeln oder Steine von 3—24 Pfd.
Hanteln von 2—6 Pfd. Schwere: von jeder Art 4—5 Paar und 1 Paar 8pfündiger.
2 große Bälle von 9—12 Zoll Durchmeßer.
1 Kraftmeßer, der bei jeder vollständigen Turneinrichtung vorhanden sein muß, aber häufig der Kosten wegen nicht angeschafft wird.
5 Maßstäbe: 1 aufrechtstehender im Schuppen mit Schieber und 4 zu 20, 15, 12 und 10 Fuß Länge.
2 Spaten.
2 Harken oder Rechen.

B. Die einzelnen Übungsplätze ergeben sich aus dem ersten Beispiele, so wie aus nachfolgender Erklärung des Planes B, in dessen Zeichnung bedeutet

aa. den Raum für Schranken, Hecken und Graben.
bb. die Wege, wobei 2 breitere für die Eingänge.
c. einen kleinen freien Raum.
d. die Rennbahn mit
e. f. Stand- und Zielpfahl.
g. Springgraben.
h. Platz für 2 Stabspringel.
i. Schwingplatz.
k. Bockspringplatz.
l. Platz für 2 Freispringel.
m. Spielplatz.

n. Schlängelbahn.

o. Schuppen.

p. Kleiderplatz.

q. Tie.

r. Stoßbahn.

s. Kletterplatz.

t. Wunderkreis.

u. Barrenplatz.

v. Platz für den Tiefspringel, der in der Mitte von einer langen Seite zur andern aufgestellt wird.

w. Schwebeplatz.

x. Rundlaufbahn.

y. Reckplatz.

z. Sturmspring- und Sturmlaufbahn.

Bei dieser Eintheilung müßen Schocken, Ringen, Ziehen, Balltreiben, Seilübungen und Zickzacklauf auf der Rennbahn vorgenommen werden. Zu dem letzteren muß man sich dann, wie es auch mit der Schlängelbahn geschehen kann, eine Bahn von Springstäben, Brett- oder Bohlstücken legen; doch ist diese Bahn weit unvollkommener als eine so gemachte Schlängelbahn, indem es bei dieser weniger schadet, wenn die Bogen im Laufe etwas erweitert werden, während bei jener der Lauf allerdings weit weniger richtig wird, wenn, weil die Bahn nur auf einer Seite begrenzt ist, statt Ecken, Bogen gemacht werden. Fehlt der Raum zu einer Rennbahn von einer bezeichneten Länge, so muß man dieselbe außerhalb des Turnplatzes anlegen, denn sie kürzer machen ist nicht rathsam; nur für Knaben bis zum 13ten Jahre genügen allenfalls 200 Fuß Länge. Eine andere Art von Rennbahn gewinnt man, wenn man dieselbe im Kreise, im Eirund oder auch im Viereck mit abgestumpften Ecken um den Platz herumführt. Diese Einrichtung bleibt aber unvollkommen, weil immer nur Einer laufen kann, indem der außen laufende einen weit größeren Weg zu machen haben würde, als der an der inneren Seite laufende, und deshalb, um das Verhältniß der Lauffertigkeit zwischen den verschiedenen Turnern festzustellen, stets nach der Sekundenuhr gesehen werden müßte.

Wo der Raum sehr beengt ist, muß man auch den Wunderkreis außerhalb des Platzes anlegen. Den Spielplatz fortzulassen ist durchaus nicht rathsam. Will sich der Raum zu demselben, der, freilich nur im Nothfall, auf 100, ja 90 Fuß Länge und 40 Fuß Breite beschränkt werden kann, gar nicht finden, so helfe man sich lieber dadurch, daß man Freispringel, Stabspringel und Barren beweglich macht und ihre Uebungen, so wie auch Bockspringen, Schwingen, Stoßen, Sturmspringen, Sturmlaufen, Schlängellauf anf dem Spielplatze, der alsdann in der Mitte liegen muß, vornehmen läßt. Den Graben legt man dann mit seinem Absprungsborde an den Spielplatz; Recke, Klettergerüste, Hangelleitern, Tiefspringel und Schwebebaum stellt man an den Grenzen auf, so wie auch die Sturmsprungböcke. Daß auf diese Weise wenigstens die Hälfte des Raumes gespart werden kann, leuchtet ein; aber freilich ergiebt sich alsdann auch nur ein sehr dürftiges, ein verkümmertes Turnen: wenn gespielt wird, kann fast keine andere Übung betrieben werden, so wie das Spiel aufhören muß, wenn geturnt wird. Man halte deshalb unabweichlich den bereits geltend gemachten Grundsatz fest, lieber eine halbe Stunde weiter zu gehen, um einen alle Erfordernisse erfüllenden Turnplatz zu ermitteln, als sich ganz in der Nähe mit einem kümmerlichen zu behelfen. Die Mittel zu den Räumen und Geräthen müßen sich finden.

Eine Stadt, die im gegebenen Falle damit geizet, weiß oder bedenkt nicht, was zu ihrem Frommen und Frieden dient. Wo hiezu das Geld fehlt, fehlt am Ende auch der gute Wille für wahres Schulwesen überhaupt.

3. Geräthe und Räume zu einem Turnplatze für 400—500 Turner.

Wir theilen abermals die ganze Turnerschaar in 12 Abtheilungen und da alsdann, je nachdem 400 oder 500 Turner sind, auf jede derselben 33 bis 42 fallen, so erhält jede Abtheilung 3 Riegen zu 11 bis 14 Turnern. Für diese würde, nach den aufgestellten Ansichten oder Ansätzen und mit Rücksichtnahme auf die verschiedenen Alter, das Turnzeug und Turngeräth folgendes sein müßen:

3 Paar Freispringel.
3 Paar Stabspringel.
1 Springgraben von 4—16 Fuß Breite.
1 — — von 10—22 Fuß Breite.
2 Tiefspringel.
5 Schwingböcke, doch nur 3 zugleich im Gebrauche.
3 Schwingel.
2 Schwebebäume von 70—80 Fuß und 60—70 Fuß Länge.
1 Rust.
1 Schlet.
8 Barren von 35, 38, 41, 44, 47, 50, 53, 56 Z. Höhe.
5 Doppelrecke von 4, 4½, 5, 5½, 6 und 6½, 7 und 7½ F. Höhe, so daß das vierte und fünfte sich in der Höhe theilen.
5 Sturmsprungbretter: 2 von 6 Fuß, 1 von 7 Fuß, 1 von 8 Fuß und 1 von 9 Fuß Länge; dazu 3 Böcke.

2 Sturmlaufbühnen.
2 Rundlaufzeuge.
2 Hangelleitern.
1 Einbaum.
2 Zweibäume (wie bei 1).
2 Klettermaste.
1 Klimmel.
1 Hangelreck.
2 Gerköpfe
3 lange, 40 kurze Schwungseile.
40 halbe Reifen.
2 kurze Ziehstäbe.
2 Knebelgurte.
40 Windestäbe.
2 Nackziehseile.
2 Ziehtaue von 20 und 80 Fuß Länge.
80 Springstäbe (von 7 und 11 Fuß Länge): 20 zu 7 und 20 zu 8 Fuß, 15 zu 9 und 15 zu 10 Fuß, 10 zu 11 Fuß Länge.
36 Gere: 18 zu 6 und 18 zu 7 Fuß Länge.
3 Dutzend Kugeln oder Steine von 3—24 Pfd. Schwere.
Hanteln von 2, 3, 4, 5, 6 und 8 Pfd. Schwere: von jeder Art wo möglich 8 Paare, von den 8 Pfd. schweren wenigstens 3 Paare.
2 Bälle von 9 und 12 Zoll Durchmeßer.
1 Kraftmeßer.
1 aufrechtstehender Maßstab mit Schieber (im Schuppen).
6 bewegliche Maßstäbe von 10 und 16 Fuß für den kleineren, von 16 und 24 Fuß für den großen Springgraben, und 2 von 10 und 15 Fuß für den Tiefspringel.

3 Spaten.

6 Harken oder Rechen.

Die Zusammenstellung der Übungsplätze, welche zu der eben angeführten Anzahl von Geräthen und Turnzeuge nach den unter B. näher angegebenen Raumverhältnissen nöthig sind zum in sich geschloßenen Turnplatze, findet man in Zeichnung C. und bedeutet in derselben:

aa. den 5 Fuß breiten Einfaßungsraum für Schranken, Hecke und Graben.

bb. die Wege, von denen der 15 Fuß breite zur Einfahrt bestimmt ist und der ihm gegenüber, auf der andern kurzen Seite liegende 10 Fuß breite ebenfalls zum Eingange dient.

c. einen freien Platz vor dem Schuppen.

d. die Rennbahn, welche bei einer großen Turnerschaar 40 — 50 Fuß breit sein muß, damit man bei einem großen Wettlaufe nicht zu viel und zu kleine Riegen zu bilden braucht, was Zeit raubt. Kann man derselben nur die Länge von 320 Fuß geben, so muß die ganze Einrichtung umgestaltet und der unter A. beschriebenen ähnlich gemacht werden;

e und f. Stand und Zielpfahl oder Mahlbaum der Rennbahn; doch muß noch ein zweiter zu den gewöhnlichen Wettläufen auf 300 Fuß von e und 200 Fuß von f gesetzt werden.

g und h. großen und kleinen Springgraben; die Anläufe nach der Rennbahn zugehend.

i. Platz für Stabspringel; Anläufe wie bei g. h.

k. die beiden Tiefspringel, in der Mitte verbunden und von einer zur andern langen Seite gehend.

l. 3 Freispringel.

m. Platz zum Bockspringen.

n. 8 Barren, Aufstellung wie bei A.

o. Kletterplatz. Der Einbaum in der Mitte zwischen beiden Klettergerüsten, die Maste auf den Flügeln im Vordergrunde, ebendaselbst hinter ihnen die Hangelleitern, Hangelreck und Klimmel hinter den Klettergerüsten. Diese Aufstellung ist nur bei einem 40 Fuß breiten Raume möglich und wenn das Hangelreck ein Viereck, also nicht über 10 Fuß breit gebaut ist.

p. 5 Doppelrecke in 2 Reihen hinter einander.

q. Schlängelbahn.

r. Stoßbahn.

s. Schwingplatz.

t. Schuppen; Haupteingang vom Platze c.

u. Tie.

v. Wunderkreis; Ein- und Auslauf an der Einfahrt.

w. kleiner Spielplatz.

x. Platz zu 2 Rundläufen oder zur Halle mit diesen.

y. Kleiderplatz.

z. großer Spielplatz.

cc. Zickzackbahn.

dd und ee. 2 Plätze zu den Schwebeübungen, durch einen Weg getrennt, damit ihre lange Ausdehnung die Verbindung nicht stört oder hemmt.

ff. Sturmlaufbahn.

gg. Sturmspringbahn.

hh. Ziehbahn.

ii. Seilplatz.

kk. Gerwurfbahn.

Ringen und Schocken müßen auf der Rennbahn vorgenommen werden. —

Schwebereck, Streckschaukel und Wippe sind bei

der Turnplatz-Einrichtung absichtlich nicht mit aufgeführt worden, weil sie Geräthe sind, welche, wenn sie nicht zu Beschädigungen und Misbrauch Veranlaßung geben sollen, immer unter sehr genauer Aufsicht stehen müßen (was auch schon vom Tiefspringel gilt) und sich daher mehr für Turnsäle und kleine geschloßene Turnplätze eignen. Am Ersten kann noch der die Stelle der Streckschaukel vertretende Ringschwebel aufgenommen werden, welcher dann am geeignetsten auf dem Reckplatze oder einem der kleinen freien Räume in einem schaukelartigen Gestelle seinen Platz findet.

D. Maße des Turnzeuges und der Turngeräthe.

Eine genaue Beschreibung des Turnzeuges muß dem Turnbuche vorbehalten bleiben; dem Zwecke dieser Abhandlung gemäß wird die Kenntniß und Anschauung von jenem vorausgesetzt und beschränkt man sich hier daher auf genaue Angabe der Maße für die ausführenden Handwerker.

Springel: der eingegrabene Springel ist 3 Zoll breit, 2 Zoll dick; die Löcher sind ½ Zoll weit und 2 Zoll von Mitte zu Mitte entfernt, fangen beim Freispringel 1 Fuß, beim Stabspringel 2 Fuß über der Erde an; jene sind 6 Fuß, diese 10 Fuß über der Erde hoch und 2 Fuß eingegraben. Die angeschraubten Latten (Tritte) inwendig 1½ Fuß, auswendig 3 Fuß hoch und 2 Zoll breit. Entfernung der Freispringel von einander 8 Fuß, der Stabspringel 10 Fuß; die verjüngten Pflöcke stehen 1—1½ Zoll vor. Statt Löcher und Pflöcke kann man auch eine sogenannte Zahnleiste mit gleicher Entfernung der Einschnitte zum Auflegen der Schnur wählen.

Der tragbare Springel: Das Kreuz ist beim Freispringel, der 2 Zoll br., 1½ Zoll dick ist, 2¼ Fuß lang, beim

Stabspringel, der 3 Zoll breit und $1\frac{1}{2}$ Zoll dick ist, $3\frac{1}{2}$ Fuß lang. Die Leisten über den Enden der Kreuze sind $\frac{1}{4}$ Zoll stark.

Die Springschnüre sind einen Finger stark; die Sandbeutel ungefüllt 9—10 Zoll hoch und 5 Zoll weit.

Der Tiefspringel: 4 Fuß breit, für eine Riege, die nur nach einer Seite abspringt, 2 Fuß breit; 18 Stufen, von $1\frac{1}{2}$—10 Fuß über der Erde, jede $\frac{1}{2}$ Fuß hoch und 14—15 Zoll breit das Trittbrett $\frac{5}{4}$ Zoll dick, mit Stoßbrettern; die Wangen $1\frac{1}{2}$ Zoll stark; die 6 Ständer von 5 zölligem Kreuzholze.

Die Springstäbe sind:

7 Fuß lang	und	$\frac{5}{4}$ Zoll	stark.
8 —	—	$\frac{5}{4}$ od. $1\frac{3}{8}$ Zoll, nach d. Schwere der Springer.	
9 —	—	$1\frac{3}{8}$ Zoll	stark.
10 —	—	$1\frac{1}{2}$ —	—
11 —	—	$1\frac{1}{2}$ —	—
12 —	—	$1\frac{1}{2}$ —	—

Die Sturmsprungbretter sind 6, 7, 8 oder 9 Fuß lang und 20—24 Fuß breit; obere Leiste, Haken an dieser um das Abspringen unmöglich zu machen, können nicht schaden, 3 Zoll hoch und 2 Zoll breit, mittlere und untere nur 1 Zoll hoch, das Brett unten und innen abgeschrägt.

Die Sturmsprungböcke: Ständer von 5 zölligem Kreuzholze und 4 Fuß auseinander; die kleinen 4 Fuß, die großen 7 Fuß über der Erde. Die Löcher, viereckig, fangen bei jenen 2 Fuß, bei diesen 3 Fuß über der Erde an, sind 3 Zoll hoch, 2 Zoll breit, 6 Zoll von Mittel zu Mittel.

Die Kissen (Matratzen) für Turnsäle sind 6—7 Fuß lang und 4 Fuß breit. Sie haben an den Ecken starke und kurze leinene Ösen zum Durchgreifen mit einem Finger beim Tragen.

Die Sturmlaufbahn (=Brett): 16 Fuß lang, 3 Fuß breit; von 3 zu 3 Fuß Leisten eingeschoben, die langen Schwellen an den Seiten 3 — 4zöllig, worin die Leisten eingelaßen und woran die großen Haken befindlich sind.

Die Sturmlaufbühne: die 4 Bäume 5 bis 6zöllig, 4 Fuß aus einander und 4 Fuß in der Erde; 16 Fuß über derselben; die Verbindungsbretter an den Seiten 1 Fuß auseinander; die Latten vorn und hinten 5 Fuß von der Erde, darunter das Kreuz, die hinteren Streben 7 Fuß von der Erde. Die Löcher von 5 — 12 Fuß Höhe, 3 Zoll hoch und 2 Zoll weit, 1 Fuß aus einander. Fußboden, 4 Fuß im Geviert, durch Leisten verbunden, vorn und hinten 2 eiserne Haken, Einschnitte für die Haken der Bahn 3 Zoll breit, 6 Zoll lang.

2 Stützen zur Bahn: 4 und 6 Fuß lang, 3 Zoll stark.

Der Schwingbock: Maße mit Polster, welches vorn und hinten $1\frac{1}{2}$ Zoll, oben und an den Seiten 1 Zoll stark ist; Länge 27 Zoll, Dicke 19 Zoll, dabei geringste Höhe 42 Zoll.

— 24 — — 17 — — — — 38 —

— 21 — — 15 — — — — 34 —

— 18 — — 13 — — — — 30 —

Der innere Abstand der Schieber beträgt bei 42 Zoll Höhe auf der langen Seite 36 Zoll, auf der kurzen 32 Zoll und, bei 30 Zoll Höhe, — 24 Zoll und 22 Zoll. Röhren und Schieber s. beim Schwingel.

Das Sprungbrett ist 36 — 40 Zoll lang, 23 — 30 Zoll breit und vorn $3\frac{1}{2}$ — 4 Zoll hoch; die Einschiebleiste ist angeschraubt.

Der Schwingel oder das Schwingpferd: Maße mit Polster, dessen Dicke wie beim Bock.

	Länge.	Kreuz.	Sattel m. Pausch.
Großer Schwingel	6 F. 3 Z.	2 F. 1 Z.	1 F. 7 Z.
Mittel = Schwingel	5 = 6 =	1 = 10 =	1 = 6 =
Kleiner Schwingel	4 = 9 =	1 = 6 =	1 = 5 =

	Hals.		Dicke m. Sattelkissen.	Geringste Höhe ohne Pausch.
Großer Schwingel	2 F.	7 Z.	18 Z.	42 Z.
Mittel-Schwingel	2 =	2 =	16 =	38 =
Kleiner Schwingel	1 =	10 =	14 =	34 =

Die Röhren stehen beim großen Schwingel unten an der langen Seite 4 Fuß 2 Zoll, der Breite nach 1 Fuß 8 Zoll auseinander; die hinteren Füße gleich mit dem Hintertheile, die vorderen dicht vor den Vorderpauschen schräg nach vorn; die Pauschen sind von $\frac{5}{4}$ zölligen Brettern, die Schieber 2 Zoll im Geviert, alle Kanten abgerundet. Höhe der Pauschen beim größten Schwingel 4 Zoll, größte Dicke derselben $2\frac{1}{2}$ Zoll, Dicke ohne Polster $\frac{5}{4}$ Zoll.

Der Haltgurt ist 4 Zoll breit, mit den Griffen 30 Zoll lang.

Der Schwebebaum: 40 — 70 Fuß lang, am Stammende wenigstens 10 Zoll dick. Etwa $\frac{1}{3}$ vom Zopfende schwebt frei. Gestell 2 — 4 Fuß hoch.

Der Liegebaum: eben so, doch auf drei Unterlagen dicht an der Erde.

Das Schlet: 16 — 18 Fuß lang, 4 — 5 Zoll stark, rund, die lose aufliegenden Enden abgeflacht. Vertiefung unter demselben $1\frac{1}{2}$ — 2 Zoll.

Der Steg: 16 — 18 Zoll lang, 4 — 6 Zoll breit, $2\frac{1}{2}$ Zoll dick; flach, ein Bohlstück, fest an den Enden. Vertiefung darunter $1\frac{1}{2}$ — 2 Fuß.

Die Rust, hochgekantetes Brett: 2 Zoll dick 1 Fuß breit, 16 — 18 Fuß lang.

Der Schwebepfahl: 1 Fuß hoch aus der Erde; 3 — 4 Zoll stark eingegraben.

Der Barren: 8 Fuß lang, 32 — 60 Zoll hoch, 13 —

18 Zoll im Lichten weit, 2 Fuß in der Erde. Die Holme für Große $2\frac{1}{2}$ Zoll hoch, $2\frac{1}{4}$ Zoll breit; für Kleinere nur 2 Zoll und für Kinder $1\frac{1}{2}$ Zoll breit. Die Ständer 4 Zoll stark, 1 Fuß von den Enden und $1\frac{1}{2}$ Fuß eingegraben.

Das Reck: die Ständer 5zollig, 3—4 Fuß in der Erde. Länge der Reckstange im Lichten $6\frac{1}{2}$ Fuß, Dicke für Erwachsene $2\frac{1}{4}$ Zoll, für Kinder 2 Zoll. Läßt man eine eiserne Stange einlegen (im Saale), so erhält sie $\frac{1}{4}$ Zoll weniger Stärke. Höhe des Reckes von $3\frac{1}{2}$—$7\frac{1}{2}$ Fuß.

Das Schwebereck: nach der Größe der Turner $1\frac{1}{2}$ bis $1\frac{3}{4}$ Zoll dick, $2\frac{1}{2}$—4 Fuß lang; die Seile, $\frac{3}{4}$ Zoll stark, haben oben $1\frac{1}{2}$ Fuß Abstand von einander. Höhe von der Erde 3—7 Fuß.

Das Hangelreck im Vier- oder Sechseck: jede Stange 10 Fuß lang, 3 Zoll hoch, $1\frac{1}{2}$ Zoll breit; $7\frac{1}{2}$ Fuß von der Erde, für Kleinere $6\frac{1}{2}$—7 Fuß; die Aufsteigetritte von 2 Stufen, 2 und 3 Fuß hoch.

Die Hangelleiter: 16 Fuß lang, die Bäume $3\frac{1}{2}$ Zoll und mit Häkelrinne $4\frac{1}{2}$ Zoll hoch, $1\frac{1}{2}$ Zoll dick, die Sproßen $\frac{5}{4}$ Zoll hoch, $\frac{9}{8}$ Zoll dick, 6 Zoll von Mitte zu Mitte aus einander; ihre ganze Breite beträgt 17 Zoll; das Gestell für Kleine $6\frac{1}{2}$ Fuß, für Große $7\frac{1}{2}$ Fuß hoch, die Ränder 5 Zoll stark und 3 Fuß aus einander.

Die Kletterstange: $1\frac{1}{2}$—5 Zoll stark; von $1\frac{1}{2}$—$2\frac{1}{2}$ Zoll Stärke muß sie, bei größerer Länge, schweben.

Der Klettermast: 6—12 Zoll stark, 20—60 Fuß hoch, 4—7 Fuß tief eingegraben. Das Eichenkreuz darauf $1\frac{1}{2}$ Zoll stark, 5 Zoll breit, 20—24 Zoll lang; beßer 2 Arme unter einander im Kreuz durch den Baum gestemmt (so daß über dieselben das Zopfende des Mastes hervorragt) oder bloß 2 Haken.

Die Lehnstange: 3—5 Zoll stark, unter einem Winkel von 60°.

Die Klimmleiter: die Bäume $1\frac{1}{2}$—$2\frac{1}{4}$ Zoll dick, 3—5 Zoll hoch, je nachdem sie 14—24 Fuß oder 28 Fuß lang ist, bei 14 Zoll Entfernung; die Sproßen 6 oder 8 Zoll auseinander von Mittel zu Mittel, $1\frac{1}{2}$—$1\frac{3}{4}$ Zoll hoch und $\frac{9}{8}$—$\frac{5}{4}$ Zoll stark. Die Leiter muß um $\frac{1}{5}$ der senkrechten Höhe, an der sie aufgestellt ist, länger sein als diese. Die Haken zur Befestigung sind 1—$\frac{5}{4}$ Zoll breit, 6—8 Zoll lang; dazu starke eiserne Ösen.

Die Steigeleiter (senkrechte) im Zweibaume rc. wie die Klimmleiter; Sproßen rund und $\frac{5}{4}$ Zoll stark, 8 Zoll von einander (M. zu M.) entfernt.

Der Enterbaum: 16—20 Fuß lang, 4—5 Zoll hoch, $1\frac{3}{4}$—$2\frac{1}{4}$ Zoll dick, Steigung 1 Fuß, auf 3 Fuß Länge; Ständer 5—6 zollig.

Das Klettertau: gut $\frac{5}{4}$ Zoll stark, 12—40 Fuß lang; die Öse 2—$2\frac{1}{2}$ Zoll weit.

Das Knotentau oder Klotztau: einen schwachen Zoll stark; die Knoten oder Klötze 3 Zoll hoch und $3\frac{1}{2}$ Zoll breit, das Loch von 1 Zoll Durchmeßer, sind etwa 10 Zoll von einander entfernt.

Das Sproßentau: die Sproßen 15 Zoll lang, gut $\frac{5}{4}$ Zoll stark, 10—12 Zoll von einander entfernt. Nimmt man 2 Seile, so ist jedes einen Finger stark; Gurte müßen 2 Zoll breit sein.

Das Entertau: $\frac{5}{4}$—$1\frac{1}{2}$ Zoll stark, 20—25 Fuß lang, hat eine weite und eine enge Öse und erhebt sich von $3\frac{1}{2}$—10 Fuß. Die Rahe über demselben ist 6 Zoll breit und 6—7 Zoll hoch; die Ständer sind wenigstens eben so stark.

Die Strickleiter: 12—20 Fuß lang, die Hauptseile 1 schwachen Zoll stark, oben und unten mit Ösen versehen; die Holzsproßen $\frac{3}{8}$ Zoll stark und bei 12 Fuß Leiterlänge 14 Zoll lang, 10 Zoll auseinander, bei 20 Fuß Leiterlänge 17 Zoll lang, 1 Fuß aus einander; die Seilsproßen $\frac{3}{4}$ Zoll stark.

Das Steigebrett: 10—11 Fuß lang, 13—14 Zoll breit und $1\frac{5}{4}$ Zoll stark

Der Einbaum: 41 Fuß aus, 7 Fuß in der Erde, am Zopfende 7—8 Fuß stark. Oberste Bühne 40 Fuß hoch, 6 und 3 Fuß überstehend; Sitzbretter 8 Zoll breit, Raum dazwischen 20 Zoll lang und 17—18 Zoll breit. Mittlere Bühne 6 Fuß tiefer; unterste Bühne 24 Fuß von der Erde. Unterste oder Klimm-Leiter 29 Fuß lang; die Stützen derselben 3 Zoll dick, die Streben oder Lehnstangen am Mast 5zollig, 20 Fuß von der Erde, im Ganzen 26 Fuß lang. Zweite Leiter 20 Fuß lang, dritte oder Stützleiter 8 Fuß lang. Die Bühnenhölzer von 5zolligem Kreuzholze. — Der Einbaum ohne Bühne, in Verbindung mit dem Klettergerüst, 40 Fuß aus, 4 Fuß in der Erde, durch ein starkes eisernes Gelenkband mit der langen Rahe verbunden, die eiserne Stange als Träger des Taues, 4 Fuß lang 1 Zoll stark mit Eisenring um das Zopfende, am Ende ein runder Haken für das Tau mit Klappe und Splint, die Stütze des Eisenarmes $\frac{3}{4}$ Zoll stark. Die eichenen Sproßen von der Rahe (des Klettergerüstes) bis zum Zopfende 2 Zoll hoch, $1\frac{1}{2}$ Zoll breit, 15 Zoll lang, eingelaßen und durch Klammern befestigt.

Das Klettergerüst oder der Zweibaum: für Kleine 12—14 Fuß, für Große 20 Fuß hoch. Die Hauptmaste 9—12 Zoll stark, 4—5 Fuß in der Erde. Die Rahe 6 Zoll breit, 6—7 Zoll hoch, 26 Fuß lang.

Entertau und Enterbaum unter rechten Winkeln an den Hauptmasten, in gleichen Abständen von diesen; die beiden Klimmleitern. Am großen Zweibaume Strickleiter mit Seilsproßen, Steigleiter, Sproßentau, Knotentau, einfaches Klettertau, Doppeltau (18 Zoll beide auseinander), feste Kletterstange von $4\frac{1}{2}$ Zoll und 2 bewegliche Kletterstangen von 2 und 3 Zoll Stärke, 2 Lehnstangen von 4 und 5 Zoll Dicke; am kleinen Zweibaume Strickleiter mit Holzsproßen, Sproßentau, Knotentau, Klettertau, feste Kletterstange ($3\frac{1}{2}$ Zoll stark), 2 bewegliche Kletterstangen (von $1\frac{1}{2}$ und $2\frac{1}{2}$ Zoll Stärke) und Doppelstangen ($1\frac{1}{2}$ Zoll stark, 14 Zoll aus einander), Steigleiter, 2 Lehnstangen von 3 und 4 Zoll Dicke.

Der Klimmel: die 4 Ständer 6 Fuß aus der Erde, 5 zöllig; eben so der 9 Fuß lange und breite Rahmen 5 zöllig; die 4 Fächer unter einem Winkel von 60° aufgestellt, jedes mit 6 Sproßen, die 8 Zoll Zwischenraum haben, $1\frac{1}{2}$ Zoll dick, 2 Zoll hoch sind; nur die über 6 Fuß langen $2\frac{1}{2}$ — 3 Zoll hoch.

Der Ger- oder Pfahlkopf: 2 — 3 Fuß in der Erde, im Ganzen $5\frac{1}{2}$ Fuß aus derselben; der Pfahl 5 zöllig, der Kopf selbst (von Eichenholz) 12 — 13 Zoll hoch, 7 — 9 Zoll breit, 6 — 7 Zoll dick, hinten flach; die Anlehnung des Kopfes unter einem Winkel von 45° gegen den Pfahl, die Beschläge $1\frac{1}{2}$ — 2 Zoll breit und einen schwachen Viertelzoll dick.

Die Gere 6 Fuß lang, $\frac{5}{8}$ Zoll stark für Kleine, 7 Fuß lang und $\frac{5}{4}$ Zoll stark für Große; die oberen Ringe 3 Zoll breit, die unteren $1\frac{1}{2}$ Zoll breit; die Köpfe eichelrund, der Nagel etwa 3 Zoll lang und eingehauen; oder statt des oberen Beschlages ein ähnlicher Kopf mit 2 Lappen, die an den Seiten heruntergehen und vermittelst eines durch beide und die Stange gehenden, umgenieteten Nagels befestigt werden.

Die Bälle zum Balltreiben, mit Kälberhaaren gefüllt und Zwillichüberzug, haben 9, 10, 11—12 Zoll Durchmeßer.

Die Maßstäbe von Doppellatten: von 10, 15 und 20 Fuß Länge, so daß durch Aneinanderlegen leicht bis 30 Fuß Länge gezählt werden kann.

Zweiter Abschnitt.

Über die Art, wie die Übungen zu betreiben und im Gange zu erhalten sind.

Der neuen Auflage der Turnkunst muß vorbehalten bleiben, was den geistigen Standpunkt eines tüchtigen Turnlehrers, den lebendigen Betrieb der Sache, das rechte Maaß zwischen strenger Turnübung und Turnspiel, Turnschule und Turnkür betrifft. In dieser kleinen Schrift handelt es sich zunächst allein um die Eintheilung und Ausführung der Turnthätigkeit selbst.

1. Turnzeit und ihre Eintheilung.

Zum Turnen sollten billig die beiden schulfreien Nachmittage (Mittwoch und Sonnabend) ganz verwendet werden *); da aber das Turnen gleich nach Tische nachtheilig ist, so wählt man für einen öffentlichen Turnplatz am besten die Stunden von 4, und bei großer Hitze von 5 Uhr an zur eigentlichen Übungszeit oder Turnschule, ohne Knaben, welche der Eifer früher hinaustreibt, die freie Übung abschneiden zu wollen (welche jedoch immer beaufsichtigt werden muß); und auch in

*) K. Pr. Ministerialverfügung vom 7. Febr. d. J.

dieser Hinsicht empfiehlt sich eine nicht zu nahe Lage der Turnplätze, indem Knaben in der Regel ohne Nachtheil auch in den früheren Nachmittagsstunden turnen können, wenn sie nach der (weder späten noch langen noch vornehmen) Mahlzeit einen Weg oder eine Rast von einer halben Stunde gemacht haben. Wohl dem Knaben, welcher außer jenen vollen Turntagen, auch täglich noch wenigstens eine Stunde lang (das ist nicht viel verlangt, gegenüber der den geistigen Übungen und Arbeiten zugewiesenen Tageszeit!) seinen Leib ermüden, seine Lust auslaßen kann; Erziehungshäuser aber und andere geschloßene Anstalten, wo nur einzelne Turn-Stunden täglich in den Lehrplan eingefugt sind, müßen, wenn sie ihre Kinder nicht auf einen öffentlichen Turnplatz schicken können, dieselben zum Mindesten zwei Mal in der Woche zu größeren Gängen und Spielen ins Freie, in die Weite schicken, so wie in den Ferien größere Fußreisen oder Turnfahrten (die Quelle zugleich für wahre natur-, land-, und erdkundliche Anschauung) unternehmen laßen. Einzelne tägliche Turnstunden allein können nur Sinn haben für Kinder, die noch wenig Anstrengung ertragen und vorbereitet werden müßen (obschon auch diesen der Genuß der freien Luft, der frischen Haide, des Waldes nicht entzogen oder vorenthalten werden darf), so wie für Erwachsene, die durch Berufsgeschäfte verhindert dem Turnen nur wenige engbemeßene Zeit widmen können, wiewohl auch auf diese die größere jugendliche, rein heitere Genoßenschaft oder Gesellschaft wohlthätig und erquickend wirken würde.

Die ganze T u r n z e i t eines Turnplatzes wird in zwei ziemlich gleiche Hälften getheilt: die eine ist der vorgezeichneten T u r n s c h u l e bestimmt, die andere der freiwilligen Beschäftigung vorbehalten und wird daher die T u r n k ü r genannt.

Je nach örtlichen Verhältnissen 2c. läßt man diese oder jene die Tagesordnung beginnen. Läßt man die Turnschule vorausgehen, so ruft zunächst ein überall hörbares Tonzeug (Klapper, Glocke 2c.) die Turner auf den Tie zusammen, wo ihnen die Ordnung des Tages und was sonst noch zu wißen Noth thut, bekannt gemacht wird. Hierauf gehen sie abtheilungsweise zu den für diesen Tag bestimmten, sie treffenden Uebungen ab.

Auf dem Tie nimmt übrigens jede Abtheilung und Riege gewisse, nur für sie bestimmte und bezeichnete Bänke ein; eben so ist gut, wenn bei großen Aufstellungen auf der Rennbahn auch der Platz für jede Riege vorher bezeichnet ist, weil sonst bei einer großen Menge Verwirrung und Zeitverluste unvermeidlich sind.

Der Wechsel der Übungen in der Turnschule, so wie das Ende derselben wird ebenfalls durch die Klapper (Glocke 2c.) angegeben. Nach dem letzten Rufe oder Zeichen, doch erst nachdem die Vorturner die Fertigkeiten, so wie die Fehlenden in ihr Buch eingetragen haben, versammeln sich die Turner wieder auf dem Tie, wo nun Turnrast eintritt, in welcher, nach gehörigem Ausruhen, Abkühlen und Broteßen Waßer gereicht wird. Brot bringt sich jeder selber mit, oder es muß beim Turnwächter auf dem Platze selbst käuflich zu haben sein.*) Waßer wird auf den Turnplatz geschafft, oder beßer auf ihm geschöpft. Das Verlaßen des Platzes ist nur in dringenden Fällen, nie aber um Lebensmittel willen zu dulden.

*) Man hüte sich einem solchen Wächter im Geringsten den Verkauf von etwas Anderem als Brot nachzugeben, weil damit dem weiter greifenden Wucher, der sinnlichen Lust und — dem Verderb traulich gleicher Sitte Thür und Thor geöffnet wird.

Hiernach beginnt die Turnkür, in der sich Jeder seine Beschäftigung selbst wählt und diejenigen Übungen treibt, die ihm am Meisten zusagen oder in denen er sich vorzugsweise noch schwach fühlt. Lehrer und Vorturner sind aber auch in dieser Zeit in voller Thätigkeit, um die Ordnung zu erhalten, bald diesen bald jenen, manchmal auch ganze Riegen zu unterweisen, so wie zu verhindern, daß Anfänger Übungen treiben, denen sie noch nicht gewachsen sind. Was diesen erlaubt ist, wird im Folgenden noch näher bestimmt werden.

Während dieser freiwilligen Beschäftigung (Turnkür) hat der Lehrer die beste Gelegenheit, sich unbemerkt von dem Selbsttriebe eines Jeden, so wie von den Neigungen, Anlagen, Bestrebungen und Fortschritten des Einzelnen anschaulich zu überzeugen. Zugleich ist die Zeit der Turnkür auch am Besten dazu geeignet, diejenigen Übungen, welche in die gewöhnliche Turnschule nicht aufgenommen werden können, besonders mit den älteren Turnern und Vorturnern durchzunehmen, überhaupt aber die letzteren in ihrer Ausbildung zu fördern. Außerdem aber gehören in diese Zeit sämmtliche Massenübungen, wie alle Turnspiele, die theils regelmäßig vom Turnlehrer angeordnet werden, theils der Willkür überlaßen bleiben. Auch zum Spielen müßen manche Knaben getrieben werden, die theils aus Vereinzelungs- und Absonderungstriebe, theils aus Schlaffheit, Scheu und Geschämigkeit nicht spielen, weit lieber turnen mögen; weshalb mitunter der Lehrer bestimmen muß, daß „heute" eine oder mehrere Abtheilungen Ball treiben, Andere Barlaufen, noch andere Schwarzen Mann spielen u. s. w.

2. Turnweise.

Die zweckmäßigste Art und Weise, die Übungen mit einer größeren Anzahl Turner zu betreiben, ist, wenn man so viel gleich große Abtheilungen (nach Alter und Kraft) einrichtet, als Hauptübungen auf dem Turnplatze gleichzeitig vorgenommen werden können, und nun der Reihe nach von jeder Abtheilung diese Übungen nach einander (nach ihrem Kreislaufe) durchmachen läßt. Bei dieser Einrichtung werden alle Gerüste zu gleicher Zeit besetzt und man bedarf deshalb deren weniger, als wenn man die Eintheilung nach andern Rücksichten träfe. Man hat ferner bei der Bestimmung der Übungen, die an Einem Tage getrieben werden sollen, darauf zu sehen, daß dieselben aus zwei Hauptübungen bestehen, die sich in ihrer Wirkung so ergänzen, daß wenn durch die eine mehr die oberen Glieder in Anspruch genommen werden, die andere dagegen wieder mehr auf die unteren wirkt. Eine jede dieser Hauptübungen wird in der Regel ¾ Stunden betrieben, so daß die ganze Turnschule 1½ Stunde währt.

Die Zusammenstellung der Übungen kann man auf mancherlei Weise machen. Eine solche, die sich durch eine Reihe von Jahren als zweckmäßig bewährt hat, ist folgende:

Erster Turntag: Freispringen hoch und Barren.

Zweiter Turntag: Bockspringen (für die Geübteren auch Schwingen) und Klettern, Stemmen und Hangeln.

Dritter Turntag: Weit- und Tiefsprung frei (auch Dreisprung und Laufsprung) und Klimmen, Ziehen, Entern und Hangeln. Letzteres ist die einzige Übung, welche zweimal im Kreislaufe der Übungen vorkommt, theils wegen ihrer Wichtigkeit, theils um diejenigen, deren Arme durch die schwereren Kletterübungen schon ermattet sind, noch beschäftigen zu können. Hier neben dem Klimmen hat sie noch die Bestimmung, Kleine und Schwache, welche zu jenem noch nicht reif sind, großentheils und angemeßen zu beschäftigen.

Vierter Turntag: Stabsprung weit und tief (die Unfähigen haben Freispringen hoch oder Seilübungen) und — Recken.

Fünfter Turntag: Stabspringen hoch (die Unfähigen Freispringen oder Stabspringen weit) und — Schweben und Ziehen am Nackziehseil, Stab und Tau.

Sechster Tag: Sturmsprung und Sturmlauf und Seilübungen und Ringen mit seinen Vorübungen als Zieh-, Schiebe-, Hinkkampf, Griffabgewinnen, Knikken mit halbem und ganzem Griff, Ringen mit halbem Griff, Festhalten am Boden und Aufkommen.

Diese Hauptübungen werden also in sechs Turntagen durchgemacht, gleichviel ob die Turnerzahl aus einer oder zwölf Abtheilungen besteht. Zur Unterstützung der äußeren Ordnung, so wie überhaupt zur Unterweisung, da doch selbst auf größeren Turnplätzen nur wenige eigentliche Turnlehrer vorhanden sein können, dienen die Vorturner der Abtheilungen. Sie sollen wo möglich die fertigsten, vorzüglich aber die verständigsten und anstelligsten Turner sein, welche das Zutrauen ihrer Mitturner genießen und mit dem Gange des Unterrichtes, so wie den Hülfen bei den einzelnen Übungen wohl bekannt sind. Deshalb dürfen sie auch nicht zu schwach sein.

Jede Riege erhält ihren Anmann, welcher die Übung anhebt, vormacht und die Ordnung handhabt. Da jedoch der Anmann nur gleichalterig mit den Mitturnern seiner Riege ist, so ist es gut wenn für die Abtheilungen der Kleinen noch stellvertretende Vorturner oder erwachsenere Anmänner ernannt werden. Der Vorturner leitet am besten keine eigene Riege, damit er die Aufsicht um so genauer führen, das Ganze überblicken und anstoßen kann, wo es stockt. Es versteht sich, daß für die weitere Ausbildung der Vorturner, eben so der Anmänner, welche in der Turnschule doch gewöhnlich nur Übungen vorzumachen haben, die sie schon können, durch besondere Stunden oder während der Turnkür gesorgt werden muß. Findet sich im Sommer dazu nur selten Zeit, so muß es vorzugsweise im Winter geschehen. Hat man Vorturner und Anmänner genug und ist die Zahl der Turner für die Einrichtung nicht zu groß, so thut man wohl, in eine Riege nicht mehr als 10 — 12 Turner zu nehmen; schlimmsten Falls aber kann die Zahl bis auf 15 gesteigert werden. Die Eintheilung der gesammten Turnerschaar ist schon im ersten Abschnitte ausgeführt und dort auch nachgewiesen worden, wie man aus derselben die Anzahl und Größe der nöthigen Turngeräthe berechnet.

Bei der obigen Eintheilung der Übungen ist auf manchen Tag so viel gekommen, daß es schwer werden möchte, die bestimmten Übungen in der vorgeschriebenen Zeit durchzumachen; so daß nichts übrig bleibt, als an dem einen Tage die eine Übung gründlich durchzunehmen und die andere nur anzufangen, um sie bei der Wiederkehr des Tages und der Übung zu vollenden und jene nur flüchtig zu wiederholen. *) Manche Übungen, wie z. B. Rundlauf, Streckschaukel und Werfübungen, die mehr der Turnkür vorbehalten bleiben müßen, wurden deshalb ganz ausgelaßen. Dasselbe gilt vom Schwingen, welches

*) Siehe bei „Unterrichtsgang" siebenten Turntag.

eigentlich mehr als Winterübung zu betrachten ist und während der Turnschule nur von den Geübtesten getrieben werden darf, die im Bockspringen (am Bock) schon ganz sicher sind. Auf die Turnkür und theilweise selbst auf die Zeit nach derselben (Abends) sind außerdem alle Spiele und Laufübungen verschoben oder verwiesen. Zu den letzteren müßen oft ganze Abtheilungen und mitunter die ganze Turnerschaar vereinigt werden, je nachdem die Art des Laufes (Schlängellauf, Wunderkreislauf, Reigen) es zuläßt, damit alle gleichmäßig geübt werden und der Lehrer eine Übersicht und Vergleichung der Lauffertigkeit aller, sowohl was Schnelle als was Dauer betrifft, erhalten kann. Die Spiele, welche längere Zeit erfordern um zu Ende gebracht zu werden, wie Jagd und Ritter und Bürger, muß man über die Zeit der Turnkür hinaus dehnen oder ihnen, wenn man sie überhaupt nicht in der Nähe des Turnplatzes vornehmen kann, eigene Tage (Nachmittage) bestimmen.

Zur Erhaltung der äußeren Ordnung wie Zeitersparung sind folgende Einrichtungen durchaus nöthig:

1. Auf dem Tie werden die Turngesetze aufgehängt, außerdem eine schwarze Tafel für Anschläge (über Gefundenes ꝛc.) und Bekanntmachungen, so wie eine Übersicht des Wechsels oder Kreislaufes der Übungen, woraus jeder Vorturner und Turner ersehen kann, welche Übungen für ihn an der Reihe sind. Doch schadet es nicht, wenn der Lehrer auch seinerseits noch jedesmal die Übungen, um Irrthümer und Verwirrungen vorzubeugen, namhaft macht.

2. Die Stufentafeln für die einzelnen Übungen werden auf jedem Übungsplatze aufgehängt.

3. Jede Abtheilung erhält auf dem Tie ihre besonderen

Bänke*), so wie auf der Rennbahn ihren eigenen stäten Standort, wodurch es allein möglich wird, die Aufstellung zu Massenübungen mit Leichtigkeit und Schnelligkeit zu bewirken.

4. Alles bewegliche Turngeräth, als Springstäbe, Springschnüre und =Beutel, Sprungbretter u. s. w., muß vor Beginn der Übungen schon auf seinem Platze und wohl geordnet sein und am Schluße jedes Turntages wieder in den Schuppen gebracht werden. Da die Kräfte eines Mannes (des Aufsehers oder Turnwächters) dazu nicht ausreichen, so müßen dazu durch den Vorturner jedesmalige Besorger ernannt und außerdem Gestelle (Ricke oder Micken) errichtet werden, an denen Springstäbe und Gere (auf ihren Übungsplätzen) ihre Stelle finden.

5. Die Eintheilung der Turner geschieht, besonders wenn die Menge derselben bedeutend ist, am besten immer nach den Jahren und der Größe, so daß alle in Einem Jahre Geborenen in dieselbe Abtheilung kommen, wobei sich von selbst versteht, daß man hiebei darauf Rücksicht nehmen muß, einmal daß die, welche längere Zeit mit einander bekannt, nicht unnöthiger Weise getrennt werden, sodann daß je nach zurückgebliebener oder vorgeschrittener Kraft der Eine und der Andere einer nächst höheren oder niederen Altersabtheilung zugetheilt werde.

6. Ist die Turnerzahl nicht groß oder hat der Lehrer an durchgebildeten Vorturnern bereits Unterstützung, so läßt er beim Beginne der Turnzeit sämmtliche Turner oder wenigstens die neuen, anmunden oder niederlaßen und frei=hochspringen,

*) Bänke sind zur Rast nöthig, weil das Lagern auf dem, namentlich im Herbste oft feuchten Rasen nach der Aufregung und Erhitzung nicht taugt.

wobei natürlich ganz regelrechter Sprung noch nicht gefordert werden kann, durch welche Übungsprobe er aber schon ein ziemlich richtiges Bild von Anlage und Kraftentwickelung eines Jeden erlangt und auf diese Fertigkeiten bei der Eintheilung Rücksicht nehmen kann.

7. Die Reihenfolge in jeder Riege, da eine solche in der Turnschule nothwendig Statt finden muß, wird am Einfachsten nach der Fertigkeit im Hochsprunge, weil man diese am Schnellsten übersehen kann, bestimmt: der Anmann ist jedoch jedesmal der Erste, wenn er auch nicht gerade der beste Springer ist; nur im Springen selbst muß er alsdann, wenn mehrere Unterabtheilungen gebildet werden, mit den gleich hochspringenden zusammenüben.

8. Die Anfänger dürfen während der Turnkür allein nur die einfachsten gefahrlosesten Übungen vornehmen, als: Freispringen hoch und weit, Schwebegang,*) Hangeln und Ziehklimmen am Reck, Handeln und Anmunden am Barren — keinen eigentlichen Auf-, Über- und Umschwung, — Klettern am Tau und Knotentau, an der Stange und Strickleiter, alle Reifen- und Seilübungen. Wollen sie sich in den schwereren Übungen weiter bringen, so müßen sie dazu die Aufsicht, Hülfe und Unterweisung eines älteren Turners oder Vorturners in Anspruch nehmen.

9. Wer als Anfänger frei gesprochen, d. h. von jener Beschränkung entbunden und als Geübter betrachtet sein, d. h. die Übungen der zweiten Stufe beginnen will, muß sich vorher einer Prüfung unterwerfen, die aber nur vom Lehrer, nicht

---

*) An einem Schwebebaum, dessen Höhestand nicht mehr als 2 Fuß beträgt.

vom Vorturner ausgehen kann. Bei derselben muß er Fertigkeit und Sicherheit in allen Hauptübungen der ersten Stufe beurkunden. Da aber nicht alle Übungen durchgenommen werden können, so ist die leichte Ausführung folgender als Maßstab für die übrigen Leistungen anzusehen:

a. Alle Gelenkübungen.

b. Laufen: 300 Fuß in 20 Sekunden.

c. Springvorübungen: 30 mal den Doppelschlag, 10 mal den Hinkschlag, 100 Fuß weit Sitzhocken, 10 mal Springhocken.

d. Freispringen: hüfthoch; anderthalb Leibeslängen weit und 6 Fuß tief, bei 5 Fuß Abstand.

e. Stabspringen: über Brusthoch ($\frac{3}{4}$ der Leibeshöhe) und $2\frac{1}{2}$ Leibeslängen weit.

f. Bockspringen (am Schwingbock) bis zur Höhe der Achselhöle.

g. Schweben: Schwebegang ab- und aufwärts und Vor- und Rückbiegen in der Kampfstellung.

h. Klettern: 10 Fuß hoch an der 3zolligen Stange, dem Tau und der Strickleiter.*)

i. Klimmen: 4 Sproßen mit gebogenen Armen.

k. Barren: Hüpfen, 2 mal Anmunden, Handeln, Kehre, Wende mit beiden Beinen und Zwischenschwung,**) Wippen, Überschlagen aus dem Hange.

l. Recken: Ziehklimmen im Seithang 2 mal, Überrutschen im Seitsitz auf beiden Schenkeln, Ziehklimmen im Querhang bis zum Anschultern, Wellaufschwung, Hangeln im Unterarmhang, Kniehang.

---

*) d. h. mit den Füßen 10 Fuß von der Erde.

**) Sitzwechsel zur Kehre nnd Wende mit beiden Beinen und Zwischenschwung.

m. Schwingen: diese Übung, schwieriger als die übrigen und da sie auf dem Turnplatze von Anfängern selten oder nie, sondern nur als Winterübung getrieben wird, kommt hier eigentlich nicht in Betracht; soll indeß bei anderer Gelegenheit eine Prüfung über erlangte Fertigkeit in demselben abgehalten werden, so sind für die erste Stufe als maßgebend zu betrachten: von der Seite 1stes Aufsitzen, Wippen, 4tes Aufsitzen, Wende, Affensprung, Kniesprung, Hocke, Grätsche; von hinten Wippe, aufs Kreuz, Wende und Kehraufsitzen, Katzensprung aufs Kreuz, Längen- und Riesensprung 4 Fuß weit.

n. Außerdem ist besonders auf Sicherheit in der Fahrt über die Rahe des kleinen Zweibaumes zu sehen.

10. Jeder Vorturner (bei größeren Massen auch der Anmann) erhält ein kleines Buch, in welchem das Namenverzeichniß seiner Abtheilung oder Riege, (nach Schulen und nach dem ABC) zweimal enthalten ist, einmal zur Aufzeichnung der fehlenden, sodann zur Eintragung der Fertigkeiten. Dies letztere geschieht wo möglich dreimal in jedem Halbjahre, am Anfange, zur Mitte und am Ende. Hauptsächlich sind einzutragen: „Größe und Schnelle des Laufes bei 300 Fuß langen Rennbahnen, vom Springen der Hochsprung im Hüpfen und mit Anlauf, der Weitsprung, Stabweitsprung, Bocksprung (am Schwingbock), Ziehklimmen, Anmunden und Heben am Kraftmeßer. Außerdem befinden sich noch einige schmale Spalten auf demselben Blatte, in welche die Stufe, auf der der Turner sich in allen Hauptübungen befindet, eingetragen werden kann. Die leeren Blätter, welche das Buch außerdem noch enthalten muß, sind dazu bestimmt ausgezeichnete Leistungen Einzelner aufzunehmen, z. B. besonders hohe und weite Sturm-

sprünge, Stab- und Freihochsprünge aus großer Entfernung, Bocksprünge und Riesensprünge am Schwingel mit starker Abrückung des Brettes, und seltenen Leistungen am Barren, am Reck, im Klettern, Schwingen u. s. w. Das erste Blatt des Buches bleibt zu Bemerkungen des Lehrers bestimmt, dem die Bücher am Schluße jedes Turntages übergeben werden, damit er Unregelmäßigkeiten erkennen und neue Einrichtungen vorbereiten kann.

3. Unterrichtsgang.

Auch hier, wie bisher, haben wir vorzugsweise einen größeren Turnplatz im Auge. Die Leitung einer kleinen Anzahl von Turnern ist bei Weitem leichter und einfacher und jeder Lehrer wird die hier aufgestellten Regeln leicht auf eine solche kleinere Turnerschaar anwenden können.

Jeder Turnlehrer, dem gleich eine größere Anzahl von Turnschülern zugewiesen wird, muß vor Allem und sobald als möglich die gewandtesten und anstelligsten aus seinen älteren Turnern aussuchen und diese in besonderen Stunden zu Vorturnern und Anmännern, wenn auch nur in den einfachsten Übungen so wie Hülfeleistungen auszubilden bemüht sein, die Hauptmasse aber während des durch Gelenk- und Vorübungen, einfache Geh-, Marsch- (Reigen-), Lauf-, Spring-, Schwebe- und Seilübungen, vorzüglich aber durch die größeren Laufübungen und Turnspiele (letztere auf dem Platze und außerhalb desselben) beschäftigen. Gehen darüber auch mehrere Monate hin, so ist dies dennoch ein Gewinn, denn die Masse wird in und durch Vorübungen (deren Einübung außerdem leicht vernachläßigt wird) sicher, durch die Laufübungen und Spiele gewandt und gewöhnt sich an Ordnung, während die Vorturner ebenfalls gründlich vorbereitet werden und die Führung der Riege bei den einfachen Übungen leicht lernen. Fängt man dagegen an, gleich, ohne tüchtige Vorturner zu haben, mit Allen alle Übungen vorzunehmen, so ist unausbleibliche Folge davon ein ungeregeltes Treiben, ein Versuchen von Dingen, die dem Anfänger jedenfalls noch zu schwer sind und, wenn man auch keine Unfälle zu beklagen hat, doch bei den Gewandteren, die gerne sogleich Alles versuchen, ein Widerwille gegen die Grundübungen, so wie bei allen gegen eine gleichmäßige, allseitige Ausbildung und jeden regelrechten Betrieb der Sache; die Nachtheile eines solchen Verfahrens würden aber in Jahren nicht zu tilgen sein. Hiermit soll auf keine Weise dem Wagemuthe, der, wie Jahn sehr richtig sagt, auf jedem Turnplatze heimisch sein muß, zu nahe getreten werden; denn dieser gerade, der rechte, der die Mutter großer Tugenden und Siege ist, wächst nur auf und aus jener sicher durchlaufenen Bahn der Ausbildung. Als allgemeine Vorschrift für jeden Turnlehrer, besonders aber für denjenigen, der selber Neuling in der Sache einen neuen Turnplatz übernimmt, gelte daher „Festhalten an strenger Turnschule" — allmähliges Fortschreiten vom Leichteren zum Schwereren, mit stäter Berücksichtigung der allgemeinen bildenden Frei- oder Vorübungen; häufiges Durcharbeiten der Masse durch die großen Läufe den Reigen, Ziehkämpfe am Tau und dergl. mehr; freie Bewegung der Einzelnen so wie der Massen in der Turnkür und in den Spielen. Das Ebenmaaß namentlich zwischen Spiel und Übung *) zu halten und im Spiele nicht spielerisch, in der

*) Wie es die K. Ministerialverfügung vom 7. Februar d. J. weise verlangt.

Übung nicht starr und steif zu sein, sondern die eine zur geistigen Kräftigung, das andere zur sittlichen Erhebung zu verarbeiten, bleibt freilich die Haupt-Aufgabe des Turnlehrers, der den ganzen vollen Menschen, nicht den Leib oder Kopf allein oder gar ein bloßes Buch vor sich hat. Wer überall nur drillen will und nur Bewegung in Reih' und Glied fordert, der hat nicht begriffen, was das Turnen soll, und wird die Jugend bald unjugendlich machen oder ihr zum Mindesten die Lust an der Sache verleiden, die die vielfältig sonst Unlustigen und Unmuthigen jugendlicheren Regungen und reineren Entschlüßen wieder zuführen soll und kann. Wer dagegen nichts von sicherer sauberer Übung, von unverbrüchlicher Ordnung, wie sie aus der Sache selbst einfach hervorgeht, wißen mag, gelangt auf anderem Wege zu demselben falschen und traurigen Erfolge: unter ihm verwildern leicht die Gemüther oder es entsteht ein einseitiges Beharren bei vereinzelten Kunstleistungen, wodurch die beabsichtigte allseitig edle Durchbildung des Einzelnen in allen wesentlichen Übungen vereitelt, wie dort unter Pedanten das frische freudige Werk und Wesen erstickt, überall somit nicht die Rüstigkeit des Leibes und der Seele erreicht wird, welche das Vollergebniß einer in tüchtiger Leibesübung und froher Genoßenschaft verlebten Jugend sein sollte und könnte.

Doch nun zur beabsichtigten besonderen Anweisung für Lehrer, Vorturner und Anmänner!

Durch die in den Turntafeln *) festgesetzte Stufenfolge ist zwar im Allgemeinen der Unterrichtsgang vorgezeichnet, doch ist dem Lehrer dabei immer viel Spielraum gelaßen. Wer z. B. am Barren von den ersten schwachen Anfängern alle

*) Turntafeln von Ernst Eiselen. Berlin, Reimer 1837. fol.

Kraft= und dann alle Schwungübungen einer und derselben Stufe durchüben laßen wollte, würde im ersteren Falle sogleich ihre ganze Kraft, im zweiten ihre Geduld erschöpfen; weshalb überall eine zweckmäßige Auswahl getroffen werden muß, die sich nach Kraft und Alter der Schüler richtet. Eben so wenig ist es nöthig und rathsam alle für einen Tag vorgeschriebenen Übungen durchmachen zu laßen, wie z. B. alle Weit- oder Hochsprungarten; was an dem einen Tage zurückbleibt, muß bei der Wiederkehr derselben Übungen hervorgehoben werden.

Um bei diesen Andeutungen uns nicht allzusehr in's Allgemeine zu verlieren, wollen wir die eben angegebene Sommerordnung zur Richtschnur nehmen und daran unsere weiteren Bemerkungen anreihen. Die Gelenk- und Springvorübungen, die Schwebevorübungen und Stabübungen nehmen wir also als durchgenommen, wenn auch nicht vollständig durchgearbeitet an und vertheilen dieselben deshalb auf die sechs Übungsabtheilungen so, daß auf jeden Tag nur eine geringe Anzahl derselben kommt. Es hängt nun von der turnerischen Ausbildung der Riege ab, ob man dieselben nur zur leichten Anregung für das Spiel aller Muskeln und als kurze Wiederholung schnell durchnimmt oder zur tüchtigen Durcharbeitung längere Zeit darauf verwendet. Ohne allgemeine Vorübungen sollten auch die Tüchtigsten nie das Turnen beginnen oder den Turnplatz verlaßen; sie machen den besten Übergang zu den Übungen der Einzelnen und setzen oft Muskeln in Thätigkeit, die sonst wenig geübt werden.

Erster Turntag.

1. Schwingvorübungen: Zehenstand, Wippen, kleine Kniebeugung, Wechselschlag, Springschlag, Wechselschnellen, Springschnellen, Hüpfen, Doppelschlag, Doppelschnellen, Zehengang,

Wechselhüpfen, Laufhüpfen, Laufschlag, Laufschnellen, tiefe Kniebeugung, Sitzhocken. Nicht alle auf einmal, entweder die auf der Stelle oder die mit Fortbewegung mitunter gemischt; die schwereren für Anfänger ganz auszulaßen; für Kräftige dienen besonders Doppelschlag und Sitzhocken. Müßen die vorbereitenden Übungen zum Springen erst eingeübt werden, so kann man die Vorübungen auch ganz oder größtentheils weglaßen.

Freispringen hoch: zuerst werde das Hüpfen geübt, dann der Sprung mit einem abstoßenden Fuße und einem Schritt, anfangs über ganz geringe Höhen und mehr in die Weite, um das Seitwärtswerfen der Füße, Drehen des Leibes u. s. w. zu vermeiden; dann erst der Sprung mit drei Schritten und mit vollem, aber immer kurzem Anlaufe. Jeder Springart müßen die vorbereitenden Übungen so lange vorangeschickt werden, bis sie sicher gehen. Jeder Fuß werde gleichmäßig geübt, wie denn immer zweimal über dieselbe Höhe rechts und eben so oft links gesprungen wird, — erst wenn die Ungleichheit der Füße anfängt hervorzutreten, erlaube man wieder den beßeren zu gebrauchen und laße über jede Höhe nur einmal springen. Wer zweimal bei derselben Höhe anstößt, tritt ab oder zurück. Um die Springer möglichst lange zusammen zu beschäftigen, theile man sie nach ihrer Fertigkeit in 2 oder 3 Abtheilungen, so daß z. B. die 30 und 28 Z. hoch springenden die erste, die 26 und 24 Z. springenden die zweite und die von 22 und 20 Z. Sprunghöhe die dritte Abtheilung ausmachen. Jede Abtheilung fängt dann etwa 10—12 Z. unter ihrer wahrscheinlichen Sprunghöhe an. Oft laße man auch, durch Abrücken des Sprungbrettes, Weithochsprünge machen, wenn auch nicht immer bis zur größten Ausdehnung. Will man die Schwachen nicht lange müßig stehen laßen, so muß man öfter das Brett für sie näher rücken oder die Schnur tiefer legen.

2. Barren. Kinder, die sich nicht mit gestreckten Armen und frei aus den Schultern hervorragendem Kopfe an einem ihrer Brustbreite angemeßenen Barren im Stütz halten können, sind für die Barrenübungen noch nicht reif. Wie oben schon angedeutet wurde, muß man mit Kraft- und Schwungübungen häufig wechseln und nicht alle Übungen in einer Stunde ausschöpfen wollen. Man nehme z. B. in der ersten Stufe Stützhüpfen, Niederlaßen und Anmunden, die beiden ersten Sitzwechsel innerhalb des Barren, Heben, Handeln, vielleicht noch die beiden folgenden Sitzwechsel und Kurzwippen, nach einigen Stunden wieder mehrere neue Übungen und theile so die erste Stufe etwa in drei Abschschnitte Bei Anfängern, deren Arme leicht ermüden, laße man zwischen anstrengenderen Übungen oft Sitzwechsel innerhalb des Barren und Schwimmhang, so wie Überschlagen aus dem Hange machen. Ein Paar Hauptübungen, ohne deren leichte Ausführung man nie fest und sicher wird am Barren, müßen wo möglich in jeder Stunde vorkommen; dies sind von vorn herein Niederlaßen oder Anmunden und Wippen und später Kehren und Wenden. Ähnlich verfahre man in den folgenden Stufen.

Zweiter Turntag.

1. Vorübungen: Spreizen nach allen Richtungen (s. Gelenkübungen), Grätschen im Stande und Sprunge; das letztere von Anfängern nur mit Handgeben.

Bockspringen am Schwingbock. Nach dem Grätschen und Standsprunge immer nur Anlaufspringen mit 3 Schritten, aber beliebigem Fuße; erst bei den hohen Sprüngen längerer

Anlauf. Regelmäßiger Wechsel mit Sprüngen über die Breite und Länge des Bocks, anfangs jede Art, bei jeder Höhe, zweimal, später nur einmal; Rückwärtssprünge und Sprünge mit Abrückung des Brettes und Auflegung eines Kissens.

Schwingen für die Geübteren: ähnliche Eintheilung wie am Barren; z. B. zuerst bei den Seitensprüngen 1—5, 9, 14, 15, später 6—8, 10—13, 16, 17 und 19 und zuletzt die übrigen. Doch kann man auch allenfalls nach der Reihe gehen. Einige Sprünge, wie bei den Seitensprüngen erstes und viertes Aufsitzen, Wende, Hocke, Grätsche und bei den Hintersprüngen Wippe, Kehraufsitzen, Katzensprung und Längensprung müßen jede Stunde wiederkehren.

2. Klettern, Stemmen und Hangeln: zuerst Steigen auf der äußeren oder oberen Seite der Klimmleiter; dann Klettern am Knotentau und der Strickleiter, am Tau, der dünnen Kletterstange und dem Sproßentau. An die dicken Stangen und die Masten führe man die Geübteren und Kräftigen. Beim Stemmen auf der Leiter müßen die Schwachen unterstützt werden. An der Hangelleiter werden zuerst die Übungen ohne Schwung und mit gestreckten Armen durchgemacht.

Dritter Turntag.

1. Gelenkübungen: Zehenstand, Wippen, kleine und tiefe Kniebeugung, Wechselschlag, Wechselschnellen, Ausschnellen der Beine, Mühle wechselarmig vorwärts und rückwärts, Hochreichen, Seitenbiegen, Hochstrecken, Vor- und Rückbeugen. Muß noch viel Zeit auf die vorbereitenden Übungen zum Weitsprung verwendet werden, so sind die Vorübungen zu beschränken.

Freiweit- und Tiefsprung: zuerst Sprung von der Stelle mit geschloßenen Füßen, anfangs in Reihen auf der Fläche, dann einzeln über den Graben. Ist dieser nicht schmal genug für Anfänger, so springt man ebenfalls auf der Fläche und erweitert den Sprung durch immer entfernter gezogene Striche. Dann folgt der Sprung mit einem abstoßenden Fuße, zuerst mit einem Schritte und später mit drei Schritten, nachdem beiden Arten die vorbereitenden Übungen vorangegangen sind. Beide werden anfangs in Reihen auf der Fläche, dann einzeln über den Graben ausgeführt und abwechselnd mit dem rechten und linken Fuße gemacht; bei dem nun folgenden Sprunge mit Anlauf, der aber nie sehr weit sein darf, kann der abstoßende Fuß beliebig gewählt und gewechselt werden. Die Sprungweiten müßen vom Vorturner oder Anmann jedes Mal angegeben werden. — Den Drei- oder Laufsprung laße man nur dann eintreten, wenn schon einige Fertigkeit erlangt ist.

Der Tiefsprung wird nur einige Male mit beiden abstoßenden Füßen, dann aber immer nur mit einem Fuße (jedoch stets mit leichtem und sicherem Niedersprunge auf beiden geschloßenen Füßen ausgeführt. Wer den Niedersprung nicht ganz regelrecht ausführt, darf von keiner höheren Stufe springen. Man steige überhaupt langsam, laße von jeder Höhe wenigstens zweimal und die Geübteren lieber etwas mehr in die Weite springen. Auch hier muß die Riege bald in kleinere Abtheilungen gebracht werden, wie beim Hochsprunge, so daß die beßeren gleich höher anfangen können.

2. Klimmen, Ziehen, Entern nnd Hangeln. Wer noch nicht zweimal ziehklimmen kann, wird beschäftigt mit dem Heranziehen an die Leiter (mit feststehenden Füßen), dem langsamen Niederlaßen, dem Ziehklimmen durch den Sprung, dem Herabklimmen mit gebogenen Armen und endlich wirk-

lichem Ziehklimmen, wobei dem sehr schwachen eine starke Hülfe zu geben ist. Beim Klimmen sehe man auf gleichmäßige Ausbildung beider Arme. Das Ziehen auf der Leiter zuerst mit starker Hülfe. Das Entern auf und von der Stelle, auch mit den Füßen voran. Auch Klimmen am Enterbaum und Entertau. Beim Hangeln vergeße man auch das Hangeltau nicht, so wie das Überschlagen vom Ende der Leiter und sehe darauf, daß die heutigen Übungen die am vorigen Turntage vorgekommenen ergänzen.

Vierter Turntag.

1. Gelenkübungen: die noch nicht da gewesenen, als: Ausschnellen der Arme vorwärts und seitwärts, — Risthieb, Kammhieb und Hauen und Stoßen von den Geübteren, — Schulterprobe, Mühle gleicharmig vorwärts und rückwärts, Kreisbewegung des Oberleibes, Achselbewegungen, Kopfbewegungen, und Ausfall.

Stabspringen weit und tief: die vorbereitenden Übungen, als Stellung, Auslage, Gehen und Laufen in denselben, Ein- und Absetzen des Stabes, Sprung von der Stelle und mit drei Schritten, in Masse und einzeln zwischen zwei auf der Erde liegenden Stäben, bis zur Sicherheit und rechts wie links und über den Graben einzeln; dann mit beliebigem Fuße und mit Anlauf. Nur die fertigen Springer dürfen mit veränderter Haltung ohne Drehung springen. Beim Stabtiefsprunge laße man nie höher steigen, bis der Sprung von geringer Höhe ganz sicher geht und mit reiner Drehung. Anfänger unterstütze man an Arm und Stab. Der Sprung ohne Umdrehung und mit veränderter Haltung, mit Aufsetzen der Hand auf das Stabende ist nur für Geübte. Kinder, die zum Stabsprunge noch nicht Kraft genug haben, laße man frei hochspringen oder Seilübungen machen.

2. Recken: mit den Anfängern die Übungen der ersten Stufe der Reihe nach. Ermüden die Arme nach den ersten sechs Übungen zu sehr, so laße man das Überrutschen, Liegehang und Wellaufschwung eintreten. Bei einiger Fertigkeit laße man besonders Ziehklimmen im Seithang, Überrutschen auf beiden Schenkeln, Ziehklimmen im Querhange, Wellaufschwung, Hangeln im Unterarmhang und Kniehang üben. Bei den folgenden Stufen ist, wie am Barren, vorzüglich darauf zu sehen, daß eigentliche Kraftstücke immer mit solchen abwechseln, die mehr Beherrschung des Schwunges erfordern.

Fünfter Turntag.

1. Springvorübungen: theils Wiederholung der Übungen des ersten Tages, theils für die Geübteren Durchmachen der schwereren Übungen als Hüpfen, Doppelschlag und Doppelschnellen aus dem Sitzhocken und ohne Sitzhocken, aber von der Stelle; für Alle Hinken und für die Kräftigen Hinkschlag und Hinkschnellen.

Stabsprung hoch: wer die vorbereitenden Übungen nicht sicher macht, muß diese erst erlernen; wer ohne Hebung und gute Drehung springt, muß so lange über die mehr oder weniger niedergelaßene Schnur springen, bis er beide gut vollführt. Durch Eintheilung in kleine Abtheilungen und Niedriganfangen suche man jedem sein gehöriges Maß der Beschäftigung zu verschaffen. Zuerst Sprung mit drei Schritten und Erlernung des Stabzurücklaßens ohne Hochsprung, dann Sprung mit Anlauf. Immer mit beliebigem Fuße. Sichere Springer mögen auch mitunter mit umgekehrter Handstellung und ohne Drehung springen, oder den Stab über die Schnur mitnehmen. Die zum Stabsprunge noch unbefähigten Kinder übe man im Freiweitsprung, Laufsprung, Dreisprung, Heuschreckensprung, Springlauf und Abstoßwechsel.

2. Schweben: zuerst Schwebestand und Schwebegang auf der Fläche, so wie Kampfstellung und Kampfbewegungen von der ganzen Riege zugleich; dann auf dem Baume Schwebegang vor- und rückwärts, auch vom Zopfende anfangend, und Schwebekampf. Mitunter auch die anderen Schwebeübungen und Massenkampf auf dem Liegebaume.

Ziehen am Nackziehseile und auf allen Vieren; am Stabe, im Sitz, am Taue als Zweikampf, Dreikampf oder Massenkampf, wobei der Vorturner oder Führer der Abtheilung, wie zu dem auf dem Liegebaume, mehrere Riegen vereinigen kann.

Bei allen Wettübungen suche man die gleich Starken zusammen zu bringen, wechsle aber auch öfter, um die Stärksten und Schwächsten zu ermitteln und diese durch jene anzuregen.

Sechster Turntag.

1. Stabübungen und Strecken. Da die Stabübungen, wenn man nur die einfachen, d. h. Senken nach den Seiten mit gestreckten und nachgebenden Armen, Wende über den Kopf mit einem Arme und mit beiden gestreckten und gebogenen, machen läßt, rasch beendigt sind, so kann man auch noch die Streckübungen hinzufügen, oder, wenn die Zeit zu beschränkt sein sollte, mit beiden Übungsarten wechseln.

Sturmlauf: zuerst 3 oder 4 Schritt hinaufgehen und später laufen und richtig umkehrend eben so zurück; dann gewöhnlicher Sturmlauf, so hoch als möglich; zuletzt Stürmen mit Hülfe der Hände.

Sturmsprung: die vorbereitenden Übungen als Hinaufgehen und -Laufen mit 3 Schritten und eben so zurück, mit 2 Schritten und seitwärts abspringen oder übertreten, so wie das Hinüberspringen mit 2 Schritten werden ganz durchgenommen oder abgekürzt nach der Fertigkeit der Turner; der Sprung mit 2 Schritten und zuletzt mit einem, bei wechselnden Füßen, aber so lange als möglich durchgeführt; erst bei den höheren Stellungen und dem Sprunge über die Schnur (oder das Rohr) erlaube man die Wahl des Abstoßfußes. Das Hinauflaufen mit Hülfe der Hände fällt weg, wenn eine Sturmlaufbahn vorhanden ist. Je kleiner und ungeübter die Turner sind, desto mehr wähle man kurze Bretter, um den Sturmsprung zu erleichtern und die Scheu zu überwinden.

2. Übungen am langen Seile: Durchlaufen, Durchspringen beim hangenden und schwingenden Seile, Springen im Seile, Hinanlaufen und Zurückspringen und umgekehrt; für die Geübten einfacher und doppelter Kreislauf; zur Belebung Aller aber öfter Übungen zu zweien und dreien, und Durchlaufen und -Springen mit Abkommen oder Letzterwerden.

Übungen im halben Reifen und kurzen Seile: im Reifen das Hinüberschreiten und Hinüberspringen auf das Wort (Befehl), dann der Galopplauf rechts und links und der Trab, so wie das Hüpfen auf der Stelle; beim kurzen Seile fange man mit dem Hüpfen an und laße ihm Galopp, Trab, doppelten und gekreuzten Durchschlag 2c. folgen. Wer die Übungen im halben Reifen nicht sicher macht, darf das kurze Seil nicht in die Hand nehmen.

Ringen: als Vor- und Nebenübungen Ziehen Hand in Hand, Schieben Hand in Hand und Hände gegen die Schultern und Hinkkampf als Zwei=, Drei= und Vielkampf. Vorbereitende Übungen sind: das Knicken mit halbem und ganzem Griffe, das Abgewinnen des ganzen Griffes, das Festhalten an der Erde und das Aufkommen. Erst wenn alle diese Übungen mit Gewandtheit und Geschick ausgeführt werden, darf man das ganz freie Ringen vornehmen laßen, von dem Anfänger und Schwächliche ganz auszuschließen sind. Bei Zusammenstellung der Paare sehe man darauf, daß die Ringer an Größe, Schwere und Kraft ziemlich gleich sind; nur bei ausgebildeten Turnern darf man mitunter das entgegengesetzte Verfahren beobachten. Bei Anfängern im Ringen muß die Härte des Falles nicht nur durch den weichen Boden, sondern auch durch vorbeugende Hülfe des Lehrers oder Vorturners gemildert werden.

Da es nicht möglich ist, alle für den sechsten Tag angesetzten Übungen an einem Turntage auszuführen, so müßen einige für die Wiederkehr desselben aufgespart werden. Hat man aber eine Sturmlaufbahn und Rundlaufvorrichtung, so thut man weit beßer, alle Hauptübungen in 14 Abschnitte zu theilen und auf den

Siebenten Turntag

die Sturmsprung=, Langseil= und Rundlaufübungen zu verlegen. Bei diesen ist mit Strenge darauf zu achten, daß alle Übungen rechts und links gemacht werden. Zuerst verwende man allen Fleiß auf die Einübung eines geschickten Laufes mit einem gestreckten und beiden gebogenen Armen. Von den Hangübungen nehme man besonders die Hangwippe vor, die man noch beßer an der Streckschaukel oder am Ringschwebel, wenn diese vorhanden sind, ausführen läßt. Zu den Stützbungen gehe man nur langsam über.

Daß durch die Annahme von 14 Hauptübungen die Berechnung der nöthigen Turngeräthe etwas geändert und die Anzahl derselben theilweise geringer wird, leuchtet ein.

Sollte man fünfzehn oder sechzehn Abtheilungen bilden müßen, so bestimme man für den

achten Turntag

die Turnspiele und den Reigenlauf. Turnspiele, so wie alle nicht in die regelmäßige Turnschule anfgenommenen Übungen gehören außerdem in die Turnkür und in ihr müßen auch vom Lehrer oft Massenübungen angeordnet werden. Immer aber verwende er in ihr, wie überhaupt, vorzugsweise seine ganze Aufmerksamkeit auf richtige Anordnung und Leitung dieser Turnspiele und wir glauben nicht geeigneter als mit den schönen Worten Jahn's darüber schließen zu können: *)

„Zur Turnkunst gehören sehr wesentlich die Turnspiele. Sie schließen sich genau an die Turnübungen und bilden mit ihnen zusammen eine große Ringelkette. Ohne Turnspiele kann das Turnwesen nicht gedeihen, ohne Spielplatz ist ein Turnplatz gar nicht zu denken. Auch außerhalb der Schranken des Turnplatzes sollte von Rechtswegen jede Turnanstalt ein Turnfeld haben, wo Blache und Wirre mit einander abwechseln, wo Hain, Gebüsch, Gestäude, Dickicht und offene Räume anzutreffen, Laubholz und Tangelholz. In jeder Turnübung liegt eine Schule, obschon die freie Aneignung der Kraft hier bei Weitem größer ist als anderswo; in jedem echten Turnspiele regt sich eine Welt. So machen Turnspiele den Übergang zum größeren Volksleben und führen den Reigen der Jugend In ihnen lebt ein geselliger freudiger, lebensfrischer Wettkampf. Hier paart sich Arbeit mit Lust und Ernst mit Jubel. Da lernt die Jugend von Klein auf gleiches Recht und Gesetz mit andern zu halten. Da hat sie Brauch, Sitte Ziem nnd Schick

*) Deutsche Turnkunst S. 169.

im lebendigen Anschaun vor Augen. Frühe mit seines Gleichen und unter seines Gleichen leben ist die Wiege der Größe für den Mann. Jeder Einling verirrt so leicht zur Selbstsucht, wozu den Gespielen die Gespielschaft nicht kommen läßt. Auch hat der Einling keinen Spiegel, sich in wahrer Gestalt zu erblicken, kein lebendiges Maß, seine Kraftmehrung zu meßen, keine Richterwage für seinen Eigenwerth, keine Schule für den Willen und keine Gelegenheit zu schnellem Entschluß und Thatkraft.

„Knaben und Jünglinge kennen ihre Gespielen, Gesellen, Gefährten und Gespanne sehr genau, nach allen ihren guten und schlimmen, schwachen und starken Seiten. Daher kommen die sogenannten Ekel-, Spitz- und Spottnamen in Schule, Feld und Welt. So ist das Zusammenleben der wähligen Jugend der beste Sittenrichter und Zuchtmeister. Ihr Witz ist ein fröhliches Treibjagen auf Mängel und Fehler. Die Gespielschaft ist der scharfsichtigste Wächter, dem nichts entgeht, ein unbestechlicher Richter, der keinen Nennwerth für voll nimmt. So erzieht sich die Jugend auf eigenem und geselligem Wege in kindlicher Gemeinde und lebt sich Bill und Recht in's Herz hinein. Selbstling, Spielverderber oder nach dem Kinderreim „Spielverläufer — Katzenversäufer" mag auch die unverschämteste Range nicht heißen. Es giebt zur Größenlehre nur den gemeinen Pfad, keine vornehmen Wege.

„Von der zahlreichen Menge sogenannter Knaben-, Jugend und Gesellschaftsspiele *) können nur äußerst wenige Turnspiele heißen. Zuerst fallen alle Sitzspiele sammt und sonders aus; ein Turnspiel will Bewegung, gemeinsames Regen und Tummeln auf dem Wettplan. Noch weit weniger ist von der Unzahl jener schon üblichen oder leider noch erdenklichen Spiele die Rede, die den Reiz zur schnöden Gewinnsucht nähren und, wenn das Glück einschlägt, etwas erkleckliches abwerfen. Ein Spiel sollte nie einen Erwerb geben. Turnspiel geht um Sieg und Gewinn, aber niemals um Gewinnst. Darum sind selbst

*) Mit Sinn vom seligen Gutsmuths gesammelt, auf's bloße Buchmachen hin und nicht ohne tieferen Nachtheil von Werner gemischt und gehäuft.

dem kleinsten Turner, auch außer der Turnzeit, niemals Marmel, Knippkügelchen (Schußer), Knopf- und Nadelspiele u. a. d. zu gestatten. Mit solchen Nichtswürdigkeiten fängt man an und mit seinem und anderer Leute Vermögen hört man auf. Die Sündfluth von Kinderschriften hat einen Schwall von ausgesonnenen Kinderspielen, die keinem kindlichen Kinde recht sind. Denn es gibt wahnbefangene Schriftleute, die schreiben läppisch für Kinder und albern für's Volk. Manche vortreffliche volksthümliche Spiele sind durch böse Zeitläufte und Ausländerei in Deutschen Landen aus dem Leben verschwunden. Ihre Namen, aber auch weiter nichts kennt man noch vom Hörensagen. Sie haben sich zugleich mit alten Volksfesten verloren. Die Jugend hat viel wieder gut zu machen und in der Folgezeit durch Turnkunst, fröhliche Reigen und Turnspiel die Volksfeste zeitgemäß zu beleben.

„Ein gutes Turnspiel muß

1. keine zu große und weitläuftige Vorrichtungen erfordern;
2. leicht erlernbar sein und doch regelfest in sich begründet;
3. nicht vom bloßen Zufall oder meist von ihm abhangen;
4. eine nicht zu kleine Anzahl von Spielern turngemäß beschäftigen;
5. nicht einen zu großen Raum bedürfen, der mit der kleinen Spielerzahl in keinem Verhältniß steht.
6. unter den Mitspielern keine müßigen Zuschauer brauchen;
7. bewirken, daß jeder sich gehörig rührt und keiner müßig feiert;
8. eine gleichmäßige Vertheilung von Last und Rast haben;
9. nicht einseitig und ohne Abwechselung im ewigen Einerlei bleiben;
10. um gut gespielt zu werden, eine große Gewandtheit und Geschicklichkeit der Mitspieler verlangen.
11. immer wieder mit neuem Eifer und reger Theilnahme gespielt werden können;
12. vor Allem aber dem jugendlichen Gemüthe behagen."

Anhang.

Da der Raum auf der Steindrucktafel es gestattet, so möge mitten zwischen die Musterentwürfe regelrecht oder vielmehr raumersparend eingetheilter Turnplätze (A. B. C.) die Abbildung zweier Anstalten treten, deren eine einen schönen rasenbewachsenen ebenen, die andere einen nicht gering bergansteigenden Boden darbot, so daß die Vertheilung und Benützung ihrer Räume und Lage lehrreich sein dürfte.

D stellt den neuen Turnplatz in der Hasenhaide bei Berlin (von 1844); E den Münchener Turnplatz (von 1827) dar. D wird westlich von Nadelholz umsäumt, im Süden von größerem Eichwäldchen: beide Waldstände sind dem Turnplatze einverleibt. In den Nachmittagsstunden wirft der östliche Fichtenstand e d l m mit hinter ihm liegenden ähnlichen ziemlich schützenden Schatten über e f c d. Von Süden nach Norden, vom Eichwäldchen her, durch welches der ganze Platz dicht an den alten Turnplatz grenzt, senkt sich jener (als Abfall der Haide) ziemlich stark hernieder, so daß hier durch Auf- und Abtragen nachgeholfen werden mußte. Durch frühere anderweitige Verwendung hatte der zwischen den beiden schräg hinabgehenden Hauptwegen n o und f o liegende Haupt- oder Mitteltheil bereits in F G H K solche abgestufte Erdbühnen (Terrassen) erhalten, von denen K die größte und breiteste, fortan Spielplatz, Schwebebäume und Stabspringel aufnahm. Jene vorgefundene Stufenebenung ward fortgesetzt in L M N O T S R; P und Q wurden bloß eingeebnet, wie die Rennbahn X Y Z und Platz W (für Wunderkreis und Schlängelbahn). U V und p q r wurden in ihrer stärkeren oder schwächeren Absenkung belaßen. Die Auftragung von R machte viel Arbeit, es wurde aber dadurch eine hohe Schutzwand für die beiden schönen Gerwurfbahnen in S gewonnen. Der Weg f o ist durch eine Dornhecke gesondert, welche von der Rennbahn und da durchschnitten ward, wo nach L N O Treppen oder Stiegen, wie auf allen Böschungen angelegt wurden. Das Ansteigen des ganzen Platzes von Norden nach Süden (von g n f e m hier), die Umsäumung der Höhe durch dichten Eichenstand giebt dem Ganzen einen schönen Anblick, der erhöht wird durch die Durchfluchtung vom Wunderkreis (W) hinauf über Rennbahn, Treppen und Stufen K H G F zum Hügel t (dem Tie), um welchen die Bänke sich reihen.

Um den ganzen Platz, die Wäldchen mit eingeschloßen, geht ein festes Gelender, so wie ein Weg. Den Zuschauern aber ist durch ein inneres Gelender der Fichtenstand westlich und am Eichwalde hinter dem Tie durch ein nochmaliges Doppelgelender eine Wegbahn gelaßen worden, welche den Weg ganz außen um die Schranken des Eichwaldes abkürzt und mit dem östlichen Wege verbindet, so daß Jeder von jedem Stande aus mehr oder minder den ganzen Platz wie die einzelnen Uebungsstellen überblicken kann, der Eichwald aber hinter jener Binnenbahn den Turnenden, welche vom Tie aus durch Schrankenschieber demselben zu Spielen zueilen, frei bleibt. Der Tie gewährt trefflichen Schatten und vollen Ueberblick über den ganzen Platz und sein buntes Getriebe sowohl an den Klettergerüsten und Hangelreck F G H, als an Barren M und Recken u, bei Frei- und Stabspringeln auf dem Spielplatze K, in der Rennbahn, in Schlängelbahnen und im Wunderkreise, nicht minder an den Rundläufen T, auf dem Schwingplatze R, am Stabspringgraben Q und dem Tiefsprunge W. Eben so hat man, auf F hinausgetreten, noch mehr vom 40 F. hohen Einbaume daselbst eine herrliche Aussicht über Stadt und Land.

z ist ein Wohn- und Aufbewahrungshaus, x ein angebauter Schuppen, y die Kleiderschuppen (für 1000).

Der ganze Platz mit seinen Waldsäumen umfaßt etwa 17 Morgen Landes, der eigentliche Uebungsplatz etwa 10 Morgen.

Der darunter mitgetheilte Münchener Turnplatz E. besteht in einer Hochebene a b c h g f (der Fortsetzung der Sendlinger Isar-Uferhöhe), welche sich in g h zu einer frischen Wiese g h e d absenkt. Nach Nord- und Ost grenzt der Platz an Wege, die allzunahen Häuseranbau abhalten, die bei l m nahegerückten kleinen Häuser sind Ausläufer der nach dieser Seite nicht so leicht und so schnell sich füllenden Stadt. Die längere Seite des Turnplatzes b c grenzt an den s. g. Kugelfang, den Schießplatz der Truppen, ein schönes freies Feld; a b streift an die Straße nach Dachau und Augsburg (nicht die Eisenbahn); a f g e ist durch einen Zaun von einem großen wildliegenden Garten getrennt. Zwischen a b f stehen die Trümmer eines früheren Nadelholzwäldchens, die sich noch über den Tie (bei f) bis zum Winter- und Wächterhause herumziehen; auch zwischen d h steht noch eine solche Baumgruppe. Kleine Gruppen, so wie einzelne Baumreihen auch sonst. Neu- und Nachpflanzungen sind in großer Menge vorgenommen, nicht nur um alle Bahnen und Uebungsplätze, auch in ganzen Gruppen und Massen, die (als nicht betreten) vortreffliche Wehren bei sich über den ganzen Platz (nicht die Bahnen!) ausdehnenden Spielen bilden.

Die längere Westseite b c nahm die Rennbahn auf, so wie das Wäldchen zwischen a b Barren und Recke. Der Spielplatz, gegen Abend fast ganz überschattet, nöthigt den Spielschaaren auch sonst kaum halbe Sonne auf. Der Tie bei f gewährt, vom Hügel einer schönen Esche, den Ueberblick über den ganzen Platz, dessen Nordseite durch überrasete Kiesgruben viel Hügelung darbietet, wie das Turnhaus einen langen Turnsaal, Wächterwohnung ꝛc. Der ganze 13 Morgen umfaßende Platz ist von a — b, b — c, c — d, d — e umschrankt.

H. F. M.

S. 23. Z. 22. fiel durch ein Versehen aus: „1 Liegebaum von 50 — 60 Fuß Länge.“

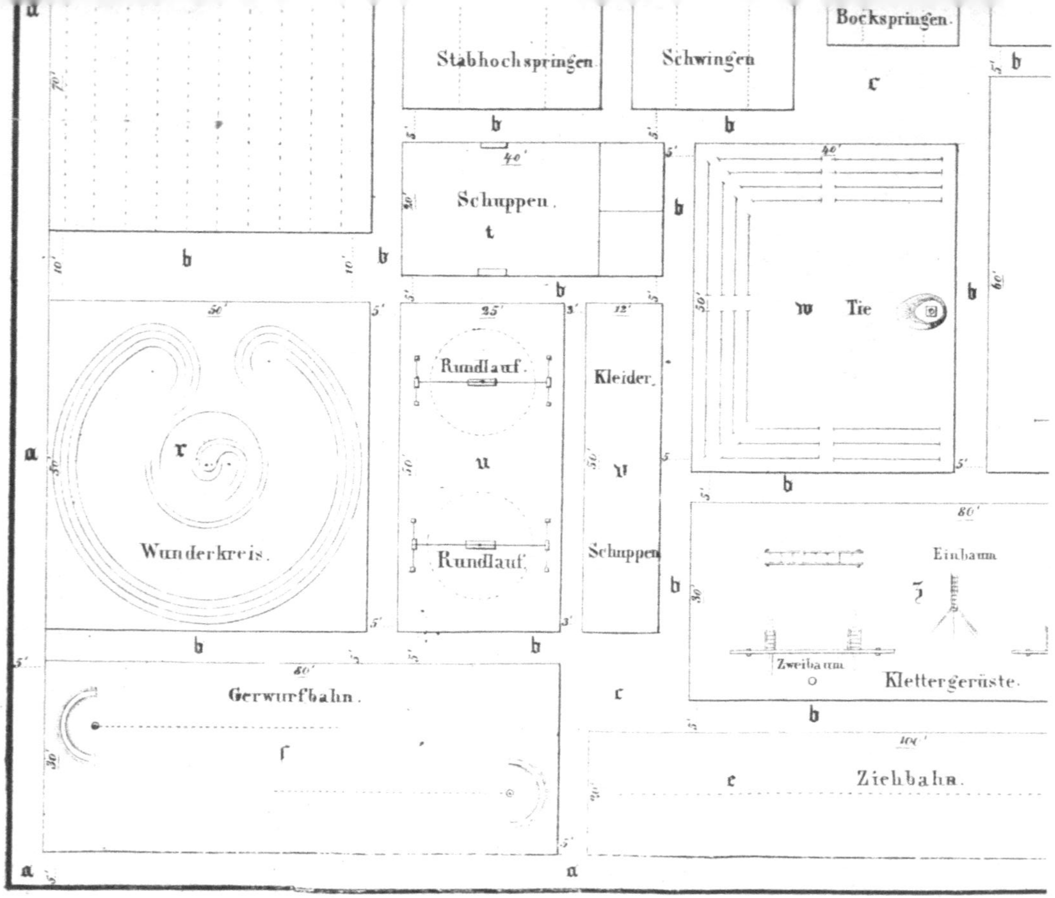
Bockspringen.
Stabhochspringen.
Schwingen
Schuppen.
t
Tie
w
Wunderkreis.
r
Rundlauf.
u
Rundlauf.
Kleider.
v
Schuppen
Einbaum
Zweibaum
Klettergerüste.
z
Gerwurfbahn.
f
Ziehbahn.
e
c
a
b

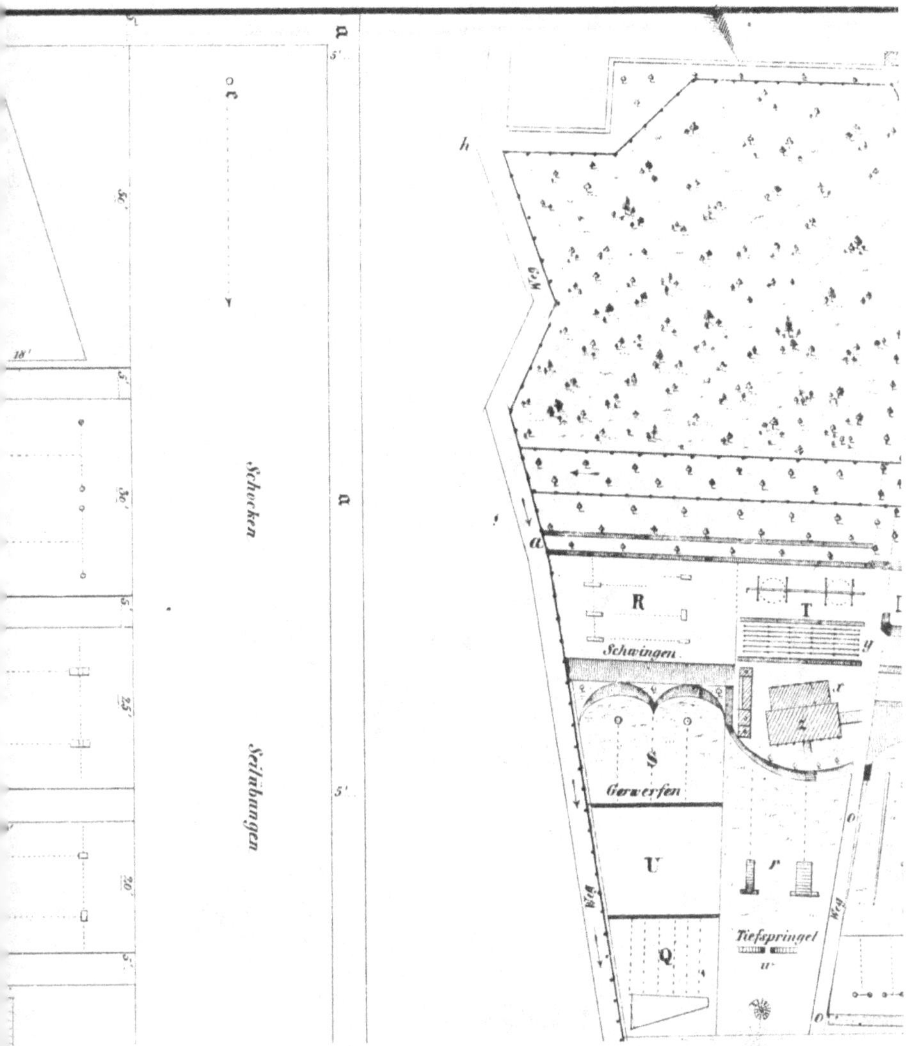
Schocken
Seilübungen
R
T
Schwingen
S
Gerwerfen
U
Q
Tiefspringel
Weg

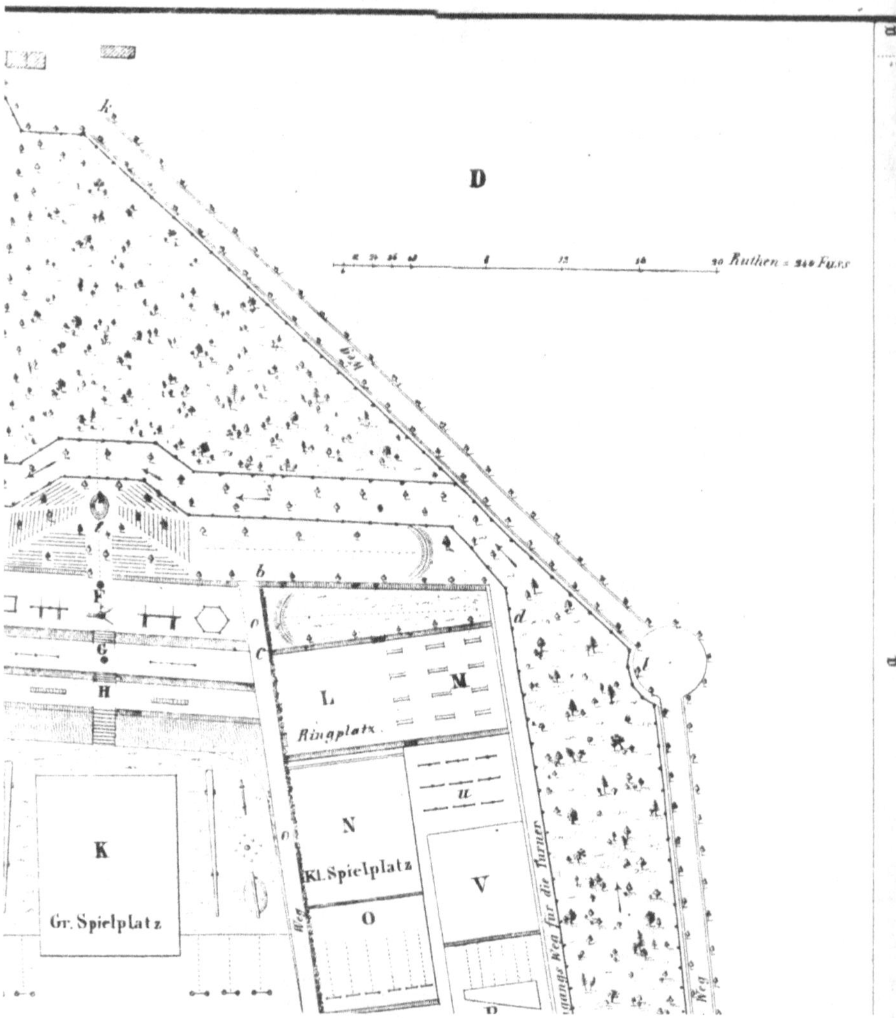
D
20 Ruthen = 240 Fuss
Weg
F
G
H
K
Gr. Spielplatz
L
M
Ringplatz
N
Kl. Spielplatz
O
V
u
Weg für die Turner
Weg

TAF. I.

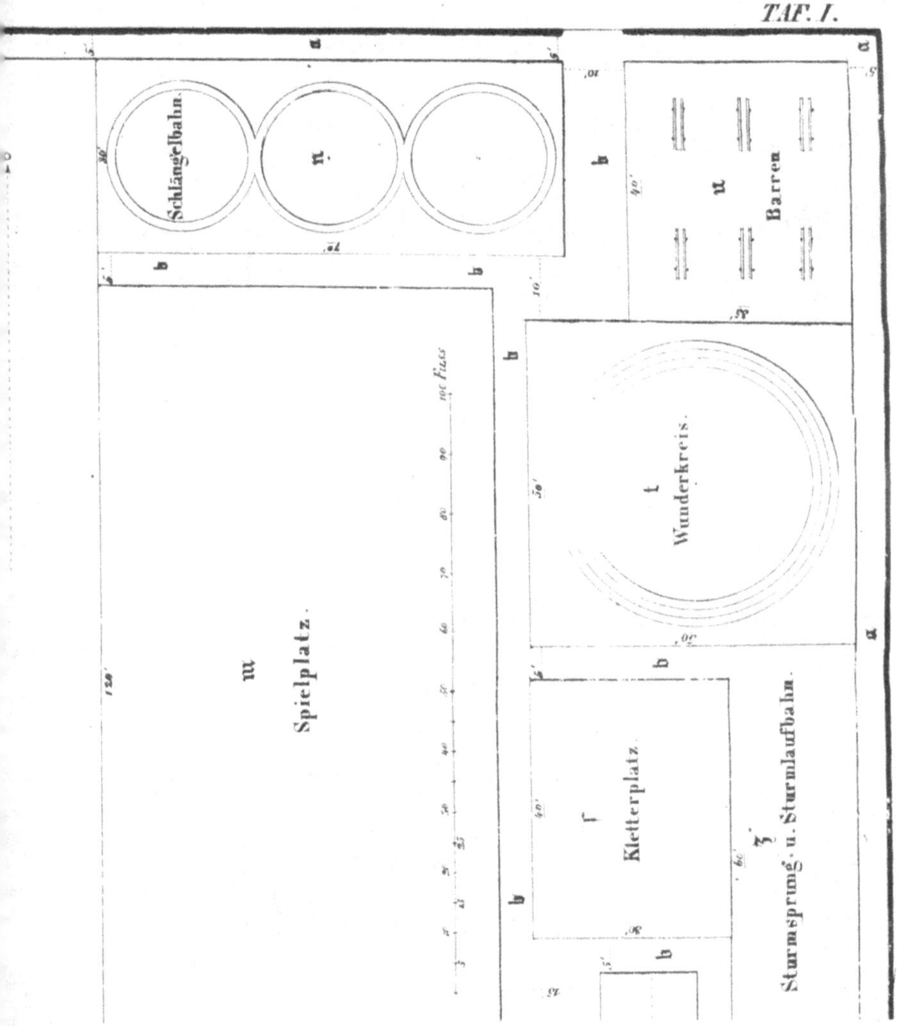
Schlängelbahn.
Barren
Wunderkreis.
Spielplatz.
Kletterplatz.
Sturmsprung- u. Sturmlaufbahn.
100 Fuss

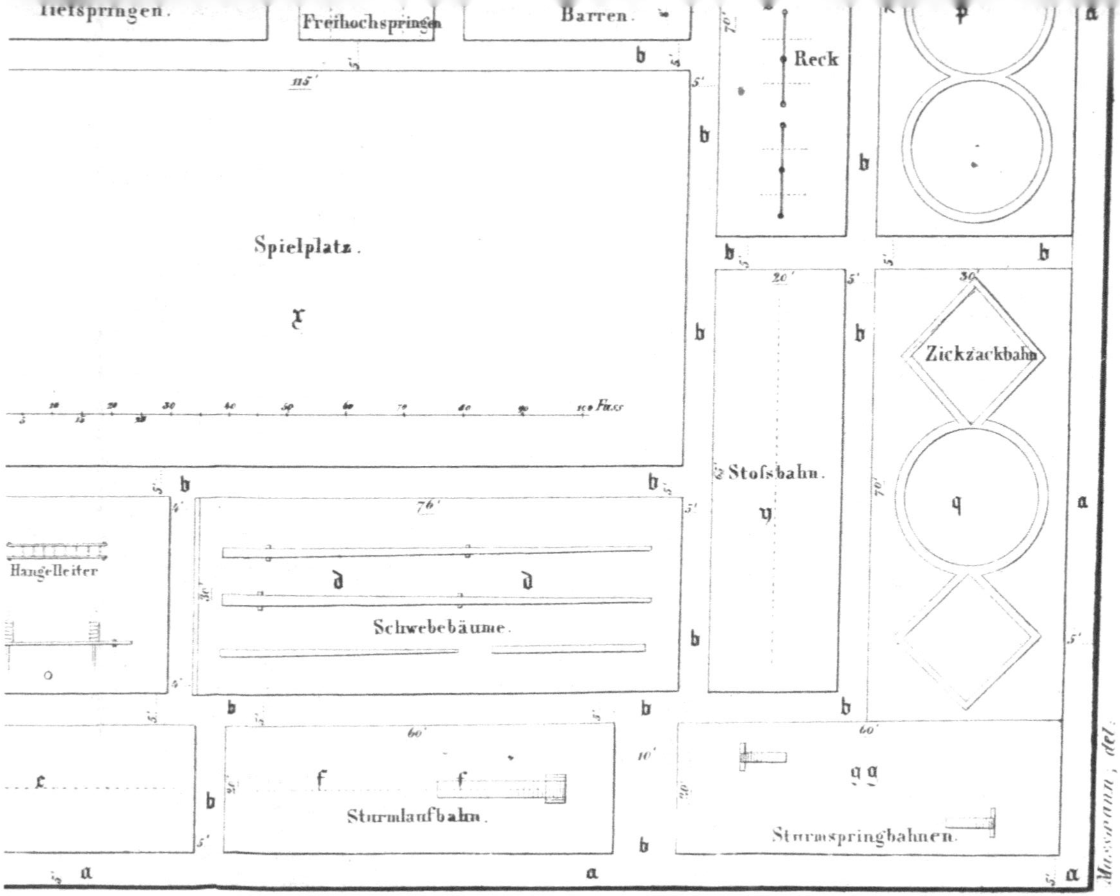
Tiefspringen.
Freihochspringen
Barren.
Reck
Spielplatz.
Zickzackbahn
Stoſsbahn.
Hangelleiter
Schwebebäume.
Sturmlaufbahn.
Sturmspringbahnen.
Massmann, del.

E
A
Ringen
Balltreiben
Rennbahn.
Schlängelbahn
Landstraße
Waldchen
Weg
Ring
400 Fuss.

Y
Z
Rennbahn
Seilübungen
Wunderkreis
W
q
p
o
f
e
m
c
h
d
g
Weg
Rennbahn
Wunderkreis
Grube
Spielplatz
Wiese
Turnsaal
Weg
m
B

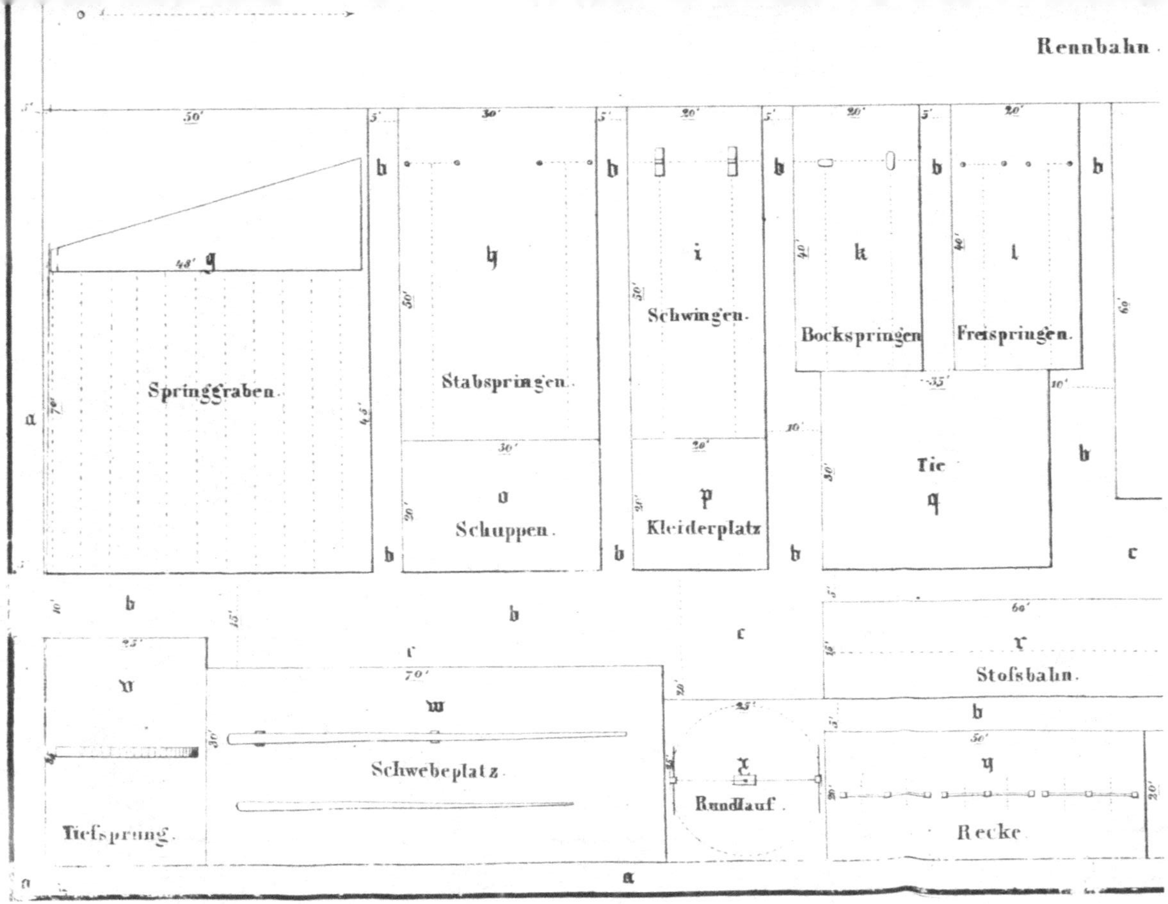
Rennbahn.
Springgraben.
Stabspringen.
Schwingen.
Bockspringen
Freispringen.
Schuppen.
Kleiderplatz
Tie
Stofsbahn.
Schwebeplatz.
Rundlauf.
Recke.
Tiefsprung.

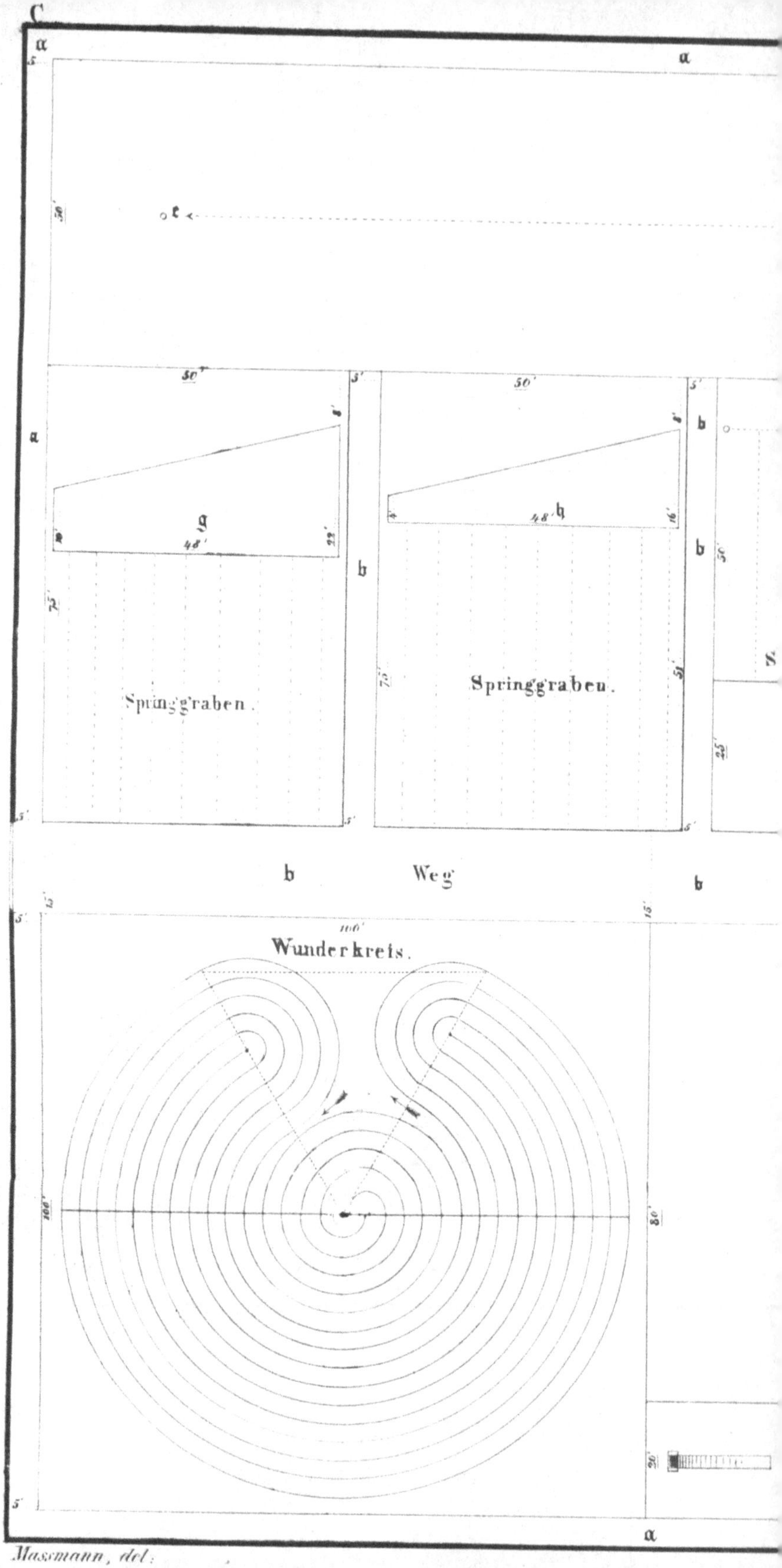
C
Springgraben.
Springgraben.
Weg
Wunderkreis.
Massmann, del:

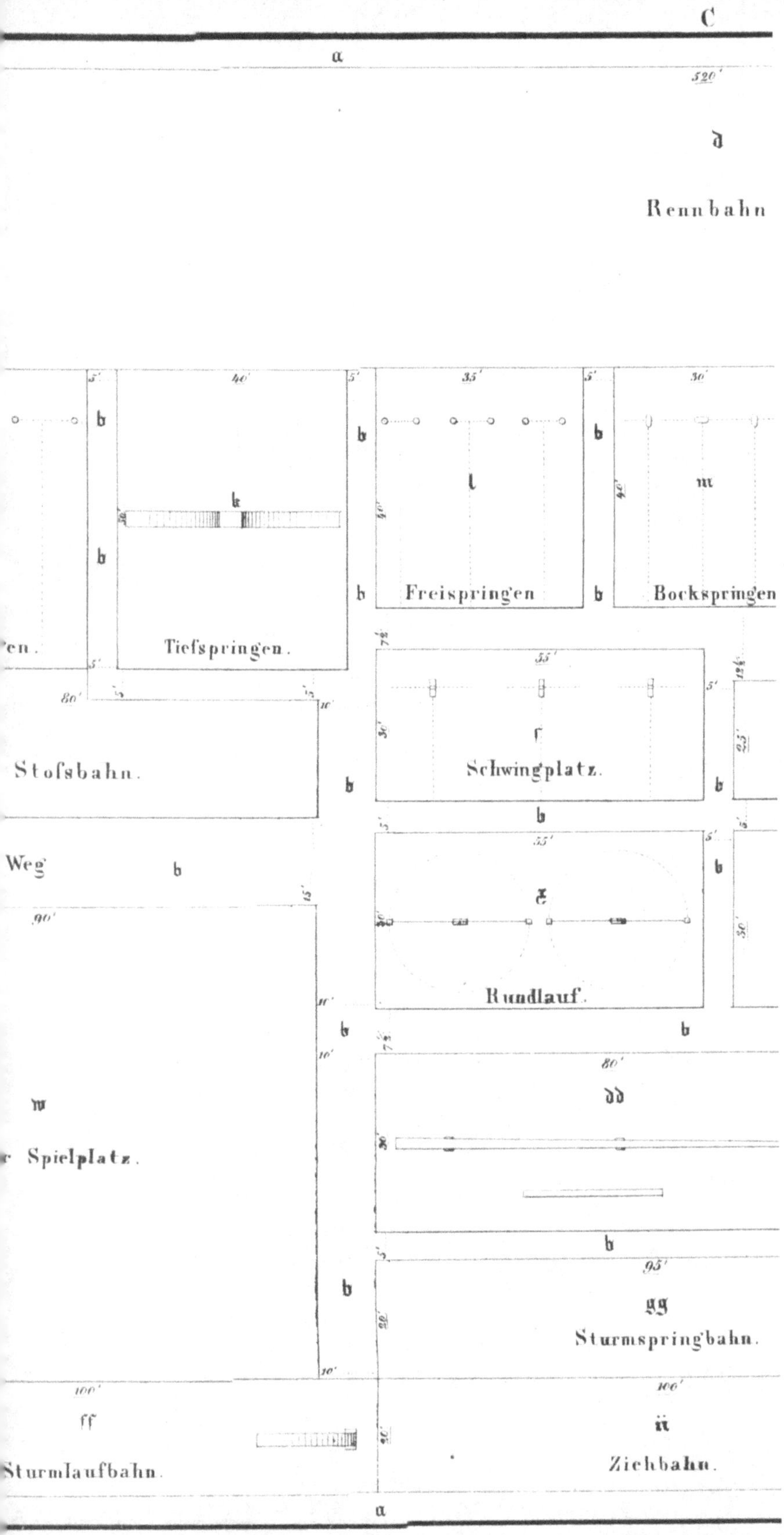
C
a
520'
d
Rennbahn
40'
35'
30'
b
k
l
m
Freispringen
Bockspringen
Tiefspringen.
en.
80'
55'
r
Schwingplatz.
Stofsbahn.
Weg
c
Rundlauf.
90'
80'
dd
w
Spielplatz.
95'
gg
Sturmspringbahn.
100'
ff
ii
Sturmlaufbahn.
Ziehbahn.
a

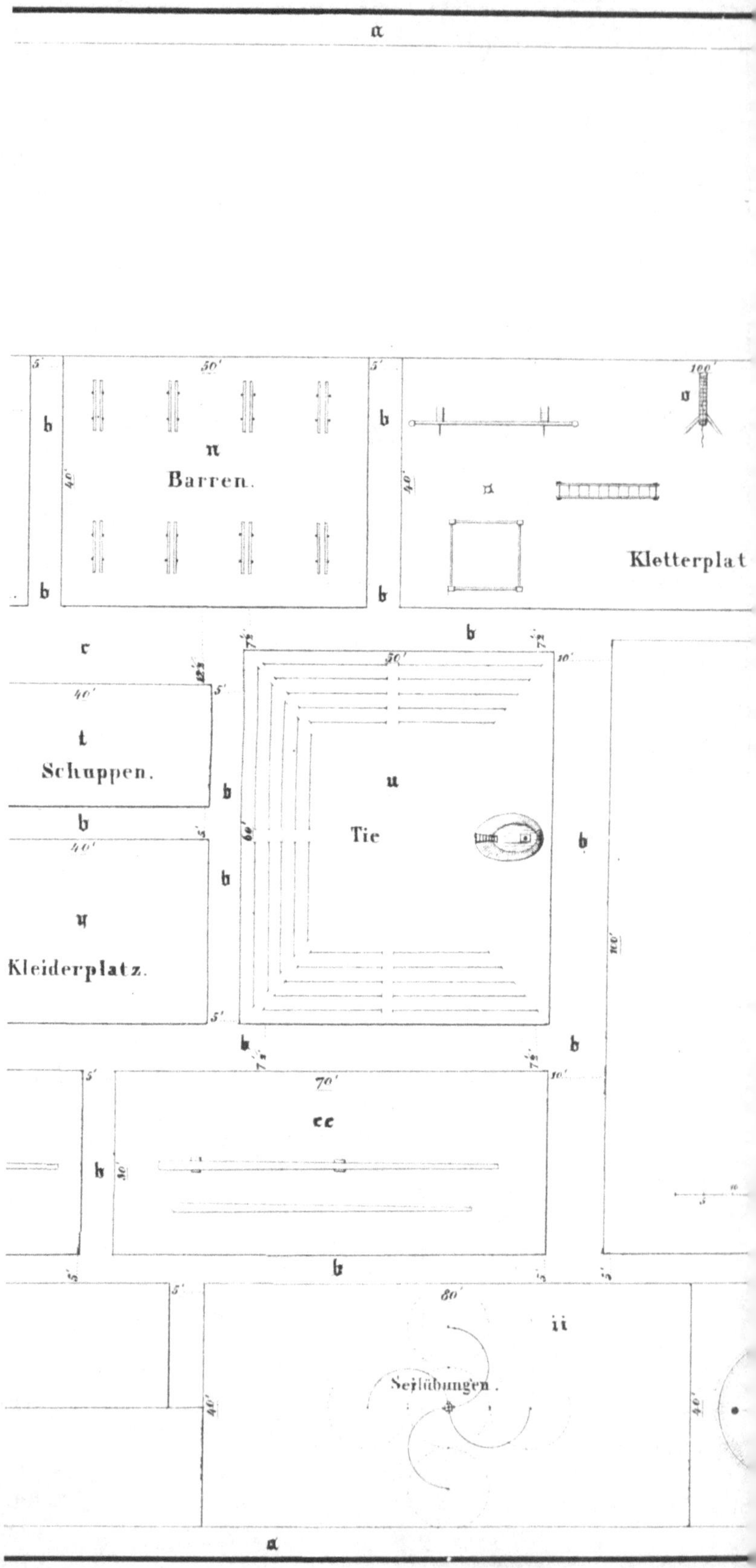

a
n
Barren.
Kletterplat
t
Schuppen.
u
Tie
y
Kleiderplatz.
cc
ii
Seilübungen.
a

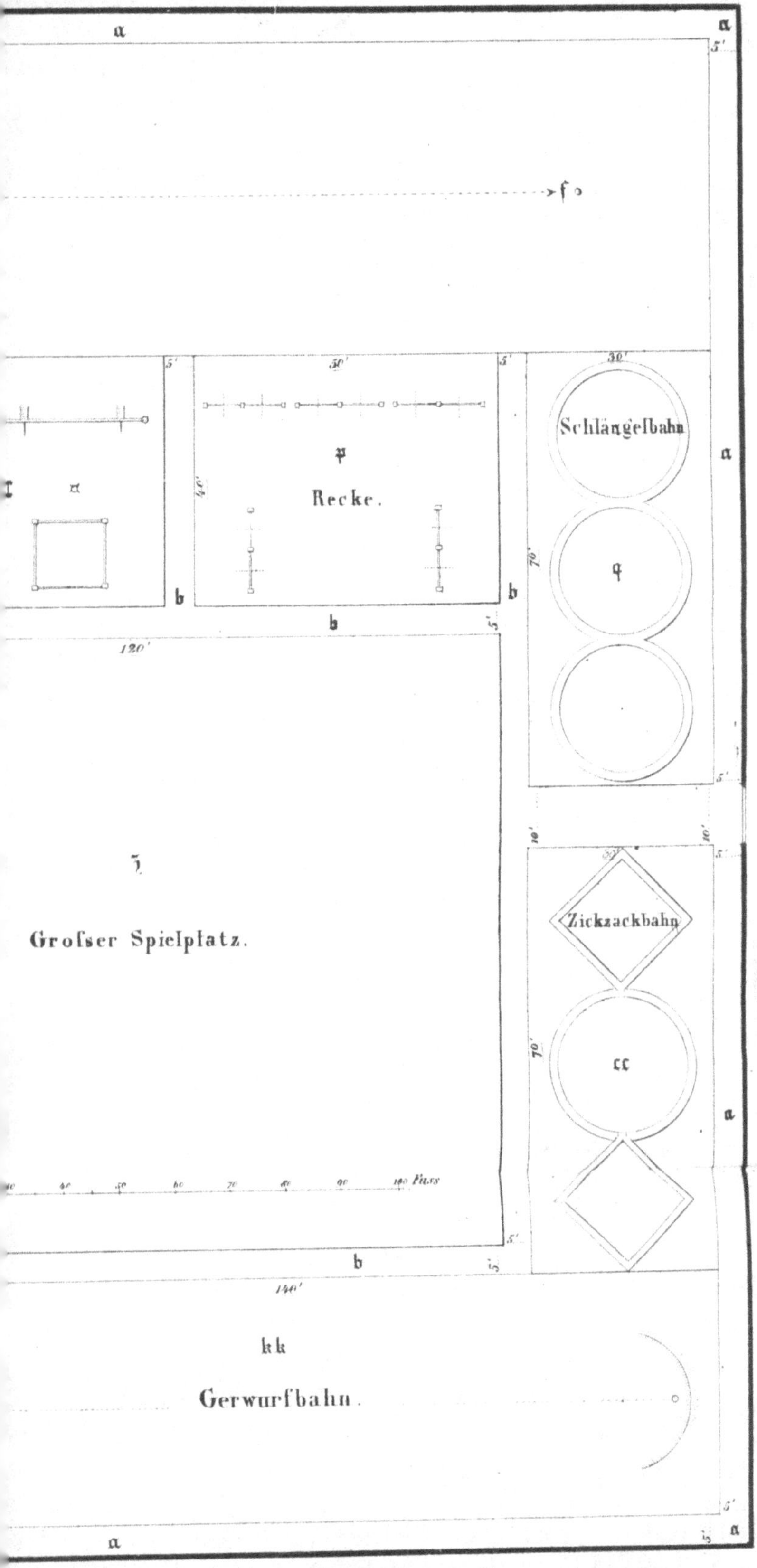
Recke.
Schlängelbahn
Grofser Spielplatz.
Zickzackbahn
Gerwurfbahn.
100 Fuss

MIX
Papier | Fördert gute Waldnutzung
FSC® C083411

Zeitfracht Medien GmbH
Ferdinand-Jühlke-Straße 7
99095 Erfurt, Deutschland
produktsicherheit@kolibri360.de